中国名门家风丛书

王志民 主编　　王钧林 刘爱敏 副主编

诸城王氏家风

王宪明 著

人民出版社

总　序

优良家风：一脉承传的育人之基

王志民

　　家风，是每个人生长的第一人文环境，优良家风是中华优秀传统文化的宝库，而文化世家的家风则是这座宝库中散落的璀璨明珠。

　　历史上，中国是一个传统的农业宗法制社会，建立在血缘、婚姻基础上的家族是社会构成的基本细胞，也是国家政权的基础和支柱。《孟子》有言："国之本在家，家之本在身"，所谓中华文明的发展、传承，家族文化是个重要的载体。要大力弘扬中华优秀传统文化，就不可不深入探讨、挖掘家族文化。而家风，是一个家族社会观、人生观、价值观的凝聚，是家族文化的灵魂。

　　以文化教育之兴而致世代显贵的文化世家，在中华文明发展史上，是一个闪耀文化魅力之光的特殊群体。观其历程，先后经历了汉代经学世家、魏晋南北朝门阀士族、隋唐至清科举世家三个不同发展阶段。汉代重经学，经学世家以"遗子黄金满籝，不如教子一经"的信念，将"累世经学"与"累世公卿"融二为一，成为秦汉大一统之后民族文化经典的重要传承途径之一。魏晋南北朝是我国历史上一个分裂、割据，民族文化大交流、大融合时期，门阀士族以"九品中正制"为制度保障，不仅极大影响着政治、经济的发展，也是当时的文化及其人才聚集的中心所在。陈寅恪先生说：汉代以后，"学术中心移于家族，而家族复限于地域，故魏、晋、南北朝之学术宗教皆与家族、地域两点不可分离"。隋唐以后，实行科举考试，破除了门阀士族对文化的垄断，为普通知识分子开启了晋身仕途之门。明清时期，科举更成为唯一仕进之途。一个科举世家经由文化之兴、科举之荣、仕宦之显的奋斗过程，将世宦、世科、世学结合在了一起，成为政权保护、支持下的民族文化及其精神传承的重要节点连线。中国历史上的文化世家不仅记载着中华文化发展的历史轨迹，也积淀着中华民族生生不息的精神追求，是我们今天应该珍视的传统文化宝库。

分析、探究历史上文化世家的崛起、发展、兴盛，尤其是其持续数代乃至数百代久盛不衰的文化之因，择其要，则首推良好家风与优秀家学的传承。

优良家风既是一个文化世家兴盛之因，也是其永续发展之基。越是成功的家族，越是注重优良家风的培育与传承，越是注重优良家风的传承，越能促进家族的永续繁荣发展，从而形成良性的循环往复。家风的传递，往往以儒家伦理纲常为主导，以家训、家规、家书为载体，以劝学、修身、孝亲为重点，以怀祖德、惠子孙为指向，成为一个家族内部的精神连线和传家珍宝，传达着先辈对后代的厚望和父祖对子孙的诫勉，也营造出一个家族人才辈出、科甲连第、簪缨相接的重要先天环境和文化土壤。

通观中国历代文化世家家风的特点，具体来看，也许各有特色，深入观其共性，无不首重两途：一是耕读立家。以农立家，以学兴家，以仕发家，以求家族的稳定与繁荣。劝学与励志，家风与家学，往往紧密结合在一起。文化世家首先是书香世家，良好的家风往往与成功的家学结合在一起。耕稼是养家之基，教育即兴家之本。"学而优则仕"，当耕、读、仕达到了有机统一，优良家风的社会价值即得到充分的显现。二是道德传家。道德为人伦之根，亦为修身之基。一个家族，名显当世，惠及子孙者，唯有道德。以德治家，家和万事兴；以德传家，代代受其益。而道德的核心理念就是落实好儒家的核心价值观：仁、义、礼、智、信。中国传统知识分子的人生价值追求及国家的社会道德建设与家族家风的培育是直接紧密结合在一起的。家风是修身之本、齐家之要、治国之基。文化世家的优良家风积淀着丰厚的道德共识和治家智慧，是我们当今应该深入挖掘、阐释、弘扬的优秀传统文化宝藏。

20世纪以来，中国社会发生了巨大的质性变化：文化世家存在的政治、经济、文化基础已经荡然无存，它们辉煌的业绩早已成为历史的记忆，其传承数代赖以昌隆盛邃的家风已随历史的发展飘忽而去。在中国由传统农业、农村社会加速向工业化、城市化转变的今天，我们还有没有必要去撞开记忆的大门，深入挖掘这一份珍贵的文化遗产呢？答案应该肯定的。习近平总书记曾经满含深情地指出："不忘历史，才能开辟未来；善于继承，才能善于创新。优秀传统文化是一个国家、一个民族传承和发展的根本，如果丢掉了，就割断了精神命脉。"优秀的传统家风文化，尤其是那些成功培育了一代代英才的文化世家的家风，积淀着一代代名人贤哲最深沉的精神追求和治家经验，是我们当今建设新型家庭、家风不可或缺的丰富文化营养。继承、创新、发展优良家风是我们当代人必须勇于开拓和承担的历史责任。

在中华各地域文化中，齐鲁文化有着特殊的地位与贡献。这里是中华文明最早的发源地之一，在被当代学者称

4

为中华文明"轴心时代"的春秋战国时期，这里是中国文化的"重心"所在。傅斯年先生指出："自春秋至王莽时，最上层的文化，只有一个重心，这一个重心，便是齐鲁。"(《夷夏东西说》)秦汉以后，中国的文化重心或入中原，或进关中，或迁江浙，或移燕赵，齐鲁的文化地位时有浮沉，但作为孔孟的故乡和儒家文化发源地，两千年来，齐鲁文化始终以"圣地"特有的文化影响力，为民族文化的传承、儒家思想的传播及中华民族精神家园的建设作出了其他地域难以替代的贡献。齐鲁文化的丰厚底蕴和历史传统，使齐鲁之地的文化世家在中国古代文化世家中更具有一种历史的典型性和代表性，深入挖掘和探索山东文化世家对研究中国历史上的文化世家即具有一种特殊的意义和重大价值。

自 2010 年年初，由我主持的重大科研攻关项目《山东文化世家研究书系》(以下简称《书系》)正式启动。该《书系》含书 28 种，共约 1000 万字，选取山东历史上的圣裔家族、经学世家、门阀士族、科举世家及特殊家族(苏禄王后裔、海源阁藏书楼家族等)五个不同类型家族展开了全方面探讨，并提出将家风、家学及其与文化名人培育的关系作为研究的重点，为新时期的家庭教育及家风建设提供历史的范例。该《书系》于 2013 年年底由中华书局出版后，在社会上、学术界都引起了较大反响。山东数家媒体对相关世家的家风

进行了追踪调查与深度报道，人们对那些历史上连续数代人才辈出、科甲连第的世家文化产生了浓厚的兴趣；对如何吸取历史上传统家风中丰富的文化滋养，培育新时期的好家风给予了更多的关注与反思。人民出版社的同志抓住机遇，就如何深入挖掘、大力弘扬文化世家中的优良家风，培育社会主义核心价值观，重构新时代家风问题，主动与我们共同研究《中国名门家风丛书》的编撰与出版事宜，在全体作者的共同努力下，经过一年多的努力，终于完成。

该《中国名门家风丛书》，从《书系》所研究的 28 个文化世家中选取了家风特色突出、名人效应显著、历史资料丰富、当代启迪深刻的家族共 11 家，着重从家风及家训等探讨入手，对家族兴盛之因、人才辈出之由、优良道德传承之路等进行深入挖掘，并注重立足当代，从历史现象的透析中去追寻那些对新时期家风建设有益的文化营养，相信这套丛书的出版会受到社会各界的关注与喜爱！

2015 年 9 月 28 日
于山东师范大学齐鲁文化研究院

目 录

前　言

　　发源于鲁中莒县箕屋山的潍河,一路接纳两岸山地、丘陵的众多小河、溪流,经沂水、五莲,自诸城西南方入市境,蜿蜒向东北,纵贯全市。在从市境东北方流入高密境时,一座小山从河谷崛起,使潍河及自东南而来,注入潍河的百尺河(古名"密水"),沿山脚向西北转弯,再继续北流,朝宗渤海。

　　这座小山古名碑产山,今名巴山。海拔虽然只有一百多米,名堂却不少。乾隆《山东通志·山川志》以此山为"泰山右卫"之一峰,乾隆《诸城县志·山川考》称此山"踞潍东岸,为东北之望",并记载乾隆十五年(1750)知县牛思凝以此山"有关县境地脉,封禁立碑"。清末曾在诸城相州王家处馆、有清代三百年经学殿军之称的潍县宿儒宋书升《初篁书庐文稿·巴山记》云:"巴山者,东武城北方百余里平原之突起秀拔者也……晴明之际造其颠,视南则九仙、五莲、马耳、烽火、常山、卢山,远近参差,攒青郁紫,皆在襟带前,若众宾与主人之相为酬酢。"诸城地形南高北低,自诸城城关而北,土地平坦,潍河河道宽阔,巴山崛起河谷,一道翠屏挡住北流的潍河,灵秀回荡,尽收远势。倘若没有巴山,未免一泄无余。

从历史地理角度说,巴山所处地带,前汉为东武与高密之交,也是琅玡郡与北海郡之交,还是徐州刺史部与青州刺史部之交,元代为胶州与密州之交,明清为青州与莱州之交,向来是战略要地。周围古城遗址、古墓葬星罗棋布。决定楚汉兴亡的潍水之战主战场,也在山北不远。

在诸城民间,有"金巴山"之说,这可能主要是因巴山周围水利条件好,农业发达,人文昌盛。本书的主角诸城王氏就主要聚居于巴山西南不远的相州镇,而王氏清代科名最广为人知的兄弟父子叔侄两代五进士,就出在巴山南麓的王家巴山村,即相州王氏三支中的王应芬、王应奎、王应垣三兄弟及王应垣之子王琦庆、王玮庆。

诸城王氏源于琅玡王氏,以孝义的典范王祥为"始兴公"。王钺《世德堂集》卷一《丘子泮游叙》:"忆吾家始兴公为徐州别驾,刺史吕公赠以佩刀,其后世德作求,冠盖为江左望,迄今犹余荫焉。"

在诸城境内，与相州王氏同宗的共三支，另外两支为营子、贾悦。清光绪刻本《诸城贾悦王氏族谱》卷首《续修族谱凡例》第一条述家族世系："旧说迁自海州，寄居东莱，再迁居城西小店。自小店出者，为营子，为相州；自营子出者，为新城、为贾悦。故吾三家，由明迄今，行次不紊。第派别分支，各自立谱。"清道光刻本《相州王氏族谱·凡例》："王氏自小店出者为营子、为相州，又自营子迁出者为新城、为贾悦，故自先世以来，姻亲未结，行次不紊。"类似记载，在各支王氏族谱异同互见，都是世代久远后的辗转传闻甚至猜想，只可以作为参考。

虽然营子、贾悦这两支明清二代也出过一些闻人，但论科名、仕宦之盛，人才之众，还是以巴山脚下的"相州王"为最。三处王氏在明清两代出过 21 名进士，其中相州王氏就有 17 人；还出过 6 名翰林，全在相州王氏。至于近现代以王锡棨、王绪祖、王希祖、王维朴为代表的金石家群体，以王溥长、王作桢、王熙麟为代表的古琴家群体，以王翔千、王乐平、王叔铭、王深林为代表的军政界要人群体，以王统照、王意坚、王希坚、王愿坚、王金铃为代表的作家群体，以王少珊、王辩、王凤襄、王恩多为代表的巾帼女杰群体，也悉出相州王氏。本书论述诸城王氏家风，以相州王氏为主。

清代以来官私记载中的"老实王家"，就是指相州王氏。于是"老实"也便成为该家族家风重要的标签。《清史稿》卷五〇八《王铖妻隋氏传》载，诸城王氏在科第联翩、仕宦接踵之后，家族成员"益勤俭自敛抑，乡人称老实王家"。"勤俭"、"敛抑"是"老实"注脚。这令人想起清代"完人"曾国藩的治家理念："余教儿女辈，唯以勤、俭、谦三字为主"。可以说湘乡曾氏家训的主要内容，早已成为诸城王氏家风的主要表现。而勤、俭、谦虚，其实也是中国传统道德文化的核心内容。

"勤俭"、"敛抑"、不炫富、不逞势、诚信处世、笃实行事，是诸城王氏家风的根本和基础。如果以王氏家风比喻为武术，"老实"便是坚实的下盘。勤则事业易成，俭则财用不匮，有了坚实的经济基础，家族便可以长足发展，且有余力行善。敛抑自律，容易与人为善，社会上不难左右逢源。古有"富不过三代"之说，是说富贵子弟，易于骄奢淫逸，忽焉衰落。相州王氏持盈保泰四百余年，家声不坠，得益于"老实"二字。

"老实"之人自然不走极端，近于中庸。能中庸则心常惺惺，不难"时止则止，时行则行"，见微知著，察时通变，与时俱进。从这个角度说，诸城王氏家风另一重要特点是善于顺应世变，与"老实"并不矛盾。且没有"勤俭敛抑"所积累的经济资源、文化资源和人脉资源，无论游宦、发展教育，还是从事收藏、艺术活动等等，也难得要领甚至寸步难行。

植根于血缘关系的"家风"，是带有深厚传统文化积淀色彩的概念，是联系过去和未来最坚韧的纽带。曾几何时，被西方坚船利炮打得晕头转向的国人，对自己的文化传统丧失信心，传统家风、家规也被妖魔化，于是一代乡绅整体豪劣化或被豪劣化。在传统家风的主要载体乡绅阶层几乎从肉体上被消灭以后，又叠经十年浩劫和市场化巨浪的迅猛冲击，社会伦理失守、诚信缺失、道德危机，传统"家风"，也若断若续。

现代诸城王氏家风最优秀的传承者，"文章有神交有道"的著名作家王统照先生，在其散文《去来今》中，把过去与现在的关系视为一条"韧力的链环"："打断'过去'，说现在只是现在，那么，这两个字便有疑义，对未来的信念亦易动摇。"

我们今天建设社会主义和谐社会、实现中华民族伟大复兴的"中国梦"，首先要加强民族自信。而民族自信最根本的是文化自信。弘扬传统优秀家风，推而广之，由修身齐家而治国平天下，并与时俱进，纳新求变，与当今社会核心价值对接，便是恢复民族文化自信最有力的抓手。于是"家风"也会成为王统照所说联系过去和未来、维系中华民族文化慧命的"韧力的链环"。

一、勤俭敛抑，「老实」传家

（一）"老实"也能成就辉煌

　　秦汉琅玡故郡、唐宋密州旧治的山东诸城，是北方有名的文化大县，世家大族众多。但论门才之众，持续时间之长，首推相州王氏。清代乾隆《诸城县志》、道光《诸城县续志》、光绪《增修诸城县续志》的人物志，都有以家族为单位立传的部分，其中论数量，相州王氏都是最多的，并且越是到后来，优势越明显。光绪年间编纂的《增修诸城县续志》卷十一"人物传"，按家族立传的人物，相州王氏单独立传者有户部侍郎王玮庆以下十八人，排在第二的臧氏六人，曾经的"海岱高门第"清爱堂刘氏单独立传者，只有荫生出身的刘喜海一人而已。

　　在明清两代涌现了诸城最大的科举、仕宦群体的相州王

相州王氏宗祠幸存银杏树

氏，辛亥以后在诸城各大家族中更是独领风骚。闻名世界的诸城派古琴，相州王氏王溥长是重要奠基者，其子王作桢则是将诸城派古琴在 20 世纪发扬光大的关键人物，王作桢之子王熙麟、孙女王凤襄，又是民国以来重要的传承者。王乐平、王翔千、王统照、王志坚、王深林、王辩等，积极参加新文化运动，人员之多，影响之大，堪称山东新文化第一家族。现当代文学史上，诸城相州王氏涌现出王统照、王意坚、王愿坚、王希坚、王金铃五位各具特色的作家，这在全国也是仅见。

人们探讨一个家族辉煌的原因，往往首先想到其家风。提及诸城相州王氏家风，无论国史、方志、家谱，还是私人著述，最为人乐道的是"老实"二字。今天人们看到这两个字，往往会与胆小怕事、谨小慎微、优柔寡断、无能无用等联系起来，否则"老实（忠厚）是无用的别名"就不会被广泛认同，连鲁迅先生都心有戚戚了。但理解一个词的含义，要结合一定时代的世态风俗和具体语境。下面是关于"老实王家"最为人熟知的一段记载，即《清史稿》中的《王钺妻隋氏传》：

王钺妻隋，诸城人。敏而有定识。明季，奉姑避兵，航海行数千里。寇至，负姑夜逾垣，匿谷中以免。

钺成进士，为广东西宁知县。康熙十三年，吴三桂反，钺城守，贼至，钺谓隋："当奈何？"隋出匕首曰："有此何惧！"贼去，钺行取主事，隋请以诸子先行。是时贼方盛，行人道绝，隋得散舟，挟幼子经肇庆、度大庾、入鄱阳湖，水陆行数千里，率仆婢佩刀昼夜警备。家居，地震，自楼堕，血淋漓，持子泣，地摇摇未已，子请避，隋曰："诸婢压其下，吾去，死矣！"督家僮发砖石出之，皆复活。火发於楼，烟蔽梯不可登，命以水濡被予诸婢，身持湿衣障火先登，诸婢汲水次第上，火遂得熸。子沛思、沛憪、沛恂，皆成进士，官於朝，隋益勤俭自敛抑，乡人称老实王家。

《清史稿》的作者，似乎把隋氏作为诸城王氏"老实"家风的重要奠基者，但所述隋氏事迹，却是一个明敏果断、敢做敢当、勇于为义、从容面对死亡威胁的铮铮"女汉子"！《清史稿·王钺妻隋氏传》其实是隐括颜李学派传人王源的《居业堂文集》卷十八《王母隋安人墓志铭》，而王源在文中直接写下了"隋安人，奇男子"的铭赞。

"老实王家"之称，来自"乡民"，这应该是"乡民"将王家与那些一旦得势，便骄奢淫逸、横行乡里的暴发户（这种货色在明末尤其多见，否则便不会有大规模的奴变）相比较而给予的评价。王家的"老实"与胆小怕事、谨小慎微、优柔寡断、无能无用无关，而是在富贵极盛之际不炫富、不逞势、以德自律。王家之"老实"，令人联想起孔子"见乡党，恂恂如也"的做派（王统照先生"恂如"笔名出典）和儒家"使民如承大祭"的遗训。这是该家族能够数百年持盈保泰、代有达人的主要原因。当然，有所得必有所失，从另一方面说，王家人敛抑、自律，带有中庸倾向的家风，有时也制约家族成员把潜能发挥到极致。他们不为人先，不走极端，很难成为登峰造极、引领潮流的一流人物。即使他们贡献卓著，由于过于谦虚低调，也容易为善争功名者所攘掩。现代诸城相州王氏家族成员中王统照的文学创作、王乐平的政事，以他们的潜力与修为，本来都可以更上层楼。

在诸城相州一带，流行有这样的谚语："莫把聪明都用尽，留点聪明荫儿孙。"好像化用古代蒙书《增广贤文》中"十分聪明用七分，留得三分给儿孙"。其中不乏达观。从家学传承方面，奇学绝诣，后辈难寻门径，往往画虎类犬，反不若质实规矩，易于效法，所谓刻鹄不成尚类鹜。相州王氏人才，后先继武，弓冶相承，人才明显有集群特点，但成就相对均衡，或者得了没有出现登峰造极人物的便宜。

诸城王氏为北方家族，家风方面自然有受风土驯化影响的成分。鲁迅先生《南人与北人》论南北差异："据我所见，北人的优点是厚重，南人的优点是机灵。但厚重之弊也愚，机灵之弊也狡。"诸城古琴派传人康白情《论中国之民族气质》中说："革命功成而享大名，据显位者，多东南之人；其冒锋镝，弃沙场，掷头颅，亲奔走者，鲜东南之人也。"虽然都是概而言之，也有一定道理。学术界颇有人对诸城王氏家族成员中王乐平、王统照等贡献卓著而声名相对寂寞抱不平，原因也多方面。除了他们过于谦虚低调，相对于东南地区学者文采飞扬，表彰乡贤，王乐平、王统照的同乡后学过于沉潜、质朴，阐微彰幽的工作相对不够。

（二）鸿儒王钺为家风"打桩"

诸城相州王氏第七世王钺（1623—1703），是清代该家族文化的代表人物，甚至也可以说是诸城文化的代表人物之一，《四库全书》著录诸城人著作共20种，他一人就占了7种。梁份在《张采舒砖椁志铭》中把王钺与刘献廷、万斯同并列为"可为天下用"的"海内老成"、"有识之士"，当然他的声名远不如万斯同等人。他是清初山东理学的代表人物之一，似乎也不如刘源渌、张侗等更为人所熟知。

王钺与其胞兄王镆，是相州王氏历史上第一代进士，也可以说是第一代"富贵者"。王锁英年早逝，在子侄辈走向仕途前，王钺支撑门户数十年，是相州王氏家风的奠基者（当然还有他的贤内助、《清史稿》立传的隋夫人），也是相州王氏家风不倒的旗帜。王钺之子王沛思翰林在作于康熙五十三年（1714）的《族谱后序》中说："终文贞（王钺乡谥）之世，而老实王家之名，长留东巷云。"

王钺生于明末，仕于清初，中间入劫出劫，阅历沧桑，自然比一生是太平之民的人更能练达人情、洞明世事。他无论为官、治学还是齐家，都给后辈树立了"老实"的榜样。

王钺在《增修（西宁）邑志序》中阐述他治理西宁的原则："唯是饮冰茹蘖之兢兢也，不敢以胜气用，不敢以汰色居，不敢以浅衷偏心相灭裂，不敢以深文竣法相草菅。如是者盖两经报政矣。钺幸无所惊扰于其民，而民亦深信乎钺之无事也。"王源在《王母隋安人墓志铭》说隋氏在西宁，将县署内空地，"董奚奴种而食"。西宁县民如果将王钺与那些如狼似虎，逼交钱粮，开血路，刮地皮的灭门县令比较，肯定会说王钺是个"老实县令"。王钺离任后，西宁人为他建了祠堂，岁时享祀。

王钺在广东西宁任知县的第七年（1674），吴三桂起兵反清，前锋达广西梧州，驻梧州的总兵班际盛欲撤军，王钺移书坚其战守，吴兵引退。同时王钺召集诸狼长，示以威

信，团练土兵五千，严阵以待，逼退响应吴三桂，窥伺西宁
的广西总兵孙延龄一部，为清廷应对事变，赢得了一定的时
间。康熙十四年（1675），王钺以政绩卓异行取主事，平南
王尚可喜上书强留，面许"以道府用"，王钺预料尚之信必
反，毅然告病还乡，不久全粤沦陷。处在事变风暴中心的王
钺，表现了超绝的智勇胆识，为后人所称道。王钺同乡好友
博学鸿儒李澄中为王钺记述三藩之变的《水西记略》作题识
云："西宁处大乱将起，间不容发之时，能谋国持身，不失
其正，可谓伟然丈夫矣。"同时痛惜"人不知其功"。

王士禛《带经堂集》卷八十七《敕封文林郎翰林院编修
前西宁县行取知县任庵王公墓志铭》述王钺晚年生活："公
既归，杜门谢客，日督课诸子治经生家言。有及门者，为之
讲肄疏示无倦。好赒恤，亲族以急来告，取之如寄。内行惇
笃，与物无忤。族党之间推长德者，与公无间言。晚益博综
载籍，于学无所不窥。"清初诸城诗人刘翼明在《海上随笔》
中则说王钺是当时诸城一带处富贵繁华顺境而仍好学不倦的
第一人。

康熙朝博学鸿儒特科，王钺与同县好友李澄中一同被
荐，但诸生出身的李澄中获中，早就是进士的王钺却落选。
公平地说，王钺学问优于李澄中，但博学鸿儒考的是诗赋，
且诗又重尊唐派，本来诗赋方面王钺不如李澄中用功深，且

他诗学宋人，落选也在情理之中。

作为一个学者，王铖属于清初鲁中理学，论学以朱子为宗，著有《朱子语类纂》。清初鲁中理学代表人物如安丘刘源渌、张贞，诸城丘志广、王铖、张侗，高密单若鲁，潍县杨青黎、姜国霖、刘以贵，昌乐周士宏，胶州法若真等，他们不仅表现出与宋明理学高树名义、予智自雄不同的风采，而且与同时代南方理学家"习尚浮夸，好腾口说，其弊流于释老"有所差别。用江藩在《宋学渊源记》中所说，他们大都具有"质直好义，身体力行"的特点，王铖则在继承宋学家秉要执中，纲举目张优点的同时，能兼收并蓄，求同存异，取长补短。《朱子语类纂》多选取朱子折中、质实的观点予以发挥。如在论学部分，首引朱子对"小学"的重视：

古者初年入小学，只是教之以事。如礼、乐、射、御、书、数及孝弟、忠信之事。自十六七入大学，然后教之以理，如致知格物及所以为忠信孝弟者。

又加按语说："许鲁斋，元之大儒也，其于小学书尝曰：'吾信之如神明，敬之如父母。'况后生小子乎？是当口诵心维，服膺不失也已矣。"这种对"小学"（事）的重视，是发挥朱子之学，也是想从内部纠正朱学末流的弊端，其实已接近视朱子如仇寇的颜元的观点了——颜元学派也影响到诸城王氏，颜氏嫡传弟子大兴王源与诸城王氏通谱，康熙末私淑颜李学派的王沛憻刊印王钺的《世德堂遗书》，特请"宗人"王源之子王兆符校订。

颜元之学，近乎墨守苦修，学术界市场不大，且一传即变，但其重视事功、砥砺笃行、排斥空谈，在清初还是振聋发聩，与诸城王氏崇尚的勤俭笃行也不矛盾。诸城王氏政坛的翘楚王沛憻、王乐平，事功彪炳，堪称代表。陈公博在《苦笑录》中回忆负责领导国民党改组派总部的王乐平，说他是"一个笃实人"、"一个行动的人"，这些词在投机派陈氏笔下贬多于褒，暗讽他过于较真、卖力，甚至有些迂执。蒋介石于改组派诸公中独取王乐平人头，也是因为这点。王乐平虽然是个政客，且处于现代政坛险恶环境中，但其个性，仍有家风家学的烙印。

明陈于陛《意见》开篇第一则云："近世高明之士，动称造化在手，天地万物在吾度内，实剽释氏之言，害道为甚。释氏云：心生山河大地。其实有此理，但圣贤不轻言之。此等学问一倡，则人且视天地为无何有，又况于两间伦物细微，皆看得没关系了。圣人之心极小，其立言极近……下至一言一动，一事一物，俱不敢忽，匹夫匹妇皆能胜予，如此立教，方能扶持世道。彼高奇者真名教罪人也。"王钺在《署窗臆说》卷一隐括此段，论曰："所云圣人之心极小，其立言极近者最是。心极小，故终身只有戒惧慎独；言极近，故立论无过日用人伦。"

"匹夫匹妇皆能胜予"，可谓传统文化中的"群众路线"。王钺对弱势阶层的乡民、治下之民，敬畏善待，但对所谓强势者甚至最高统治者，他有时却坚持原则，能争者争，该讽者讽。他在西宁，县内产柴炭，为平南王藩商垄断滋扰，王钺具文请撤无果，亲赴广州平南王府，面见尚可喜，竭力劝说其罢停。在他的文章杂著中，不乏对康熙帝一些败政的批判讽刺。如三藩之乱，王钺认为完全可以避免。他的《水西记略》，详述三藩本末，针对"迁之则反速，祸小；不迁则反迟，祸大，诚有如晁错所云者"之类高论（康熙帝说过类似的话，且更直截爽快："今日撤亦反，不撤亦反，不若先发"），指出三藩中只有吴三桂稍有勇略，但年事已高，身体多病。假使玄烨不贸然下撤藩之令，虚与委蛇，耐心羁縻，坐等数年，吴三桂老惫或去世，"藩二代"们富贵纨绔，难以有为。如此则清朝主力军队，可免八年沙场征战；十省生灵，可免无量杀劫；天下州县，可免加赋转输之苦；甚至用人方面，可不必为筹集军费广开捐纳，增加政治腐败。在王钺眼里，玄烨是个过于急躁武断、不够"老实"的皇帝。我们今天不必同意他的观点，但应该为这种勇气点赞。

王钺《世德堂文集》书影

对于诸城王氏家风建设，王铖除了以身作则外，还注意从家族文化建设方面加强。他编辑《世德录》、编纂《族谱》等，都有这方面的意图。

《世德录》是王铖将诸城王氏王开基以下三代乡试、会试中式的文章汇成的家族教育范本，原书已失传，王铖为此书所作序仍见《世德堂文集》，即《世德录自序》。王铖似乎预见到随着家族的富贵极盛，会出现骄奢现象，在文中提出了比较严厉的告诫：

> 夫物莫不始于微而成于巨，始于朴而成于华。念吾王氏，自始迁以来，产不过中人，而今近千陌矣；学不过句读，而今竞綮锐矣。夫物而至于大，大而至于可观，将无何而为致饩则尽之责，无何而为穷上反下之剥矣。此独非学《易》君子所乾乾者……假浸而子若孙世守忠厚，无改于向之所谓老实王家也，则夫朴者可以力田，秀者可以读书，吾王氏日引而日伸，固未可量也。彼江左家世所谓历晋迄唐，冠盖相望者七朝，有文集及得传者九世，夫独非吾王氏故事乎？而不然者，乌衣燕子，有飞入寻常百姓家耳。吾子孙其覆亡之不暇，而况能久有此科第乎？

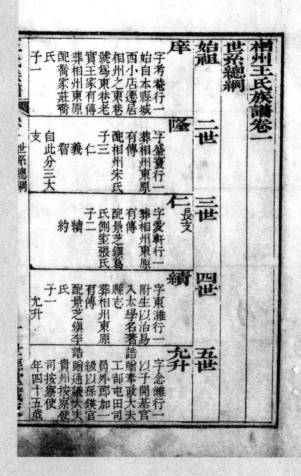

相州王氏族譜卷一

世系總綱

始祖	二世	三世 長支	四世	五世
庠	隆	仁	績	升

庠　字考巷行一　始自本縣城西小店遷居相州之東巷　號爲東巷老　寶家有傳　配相州宋氏　葬王家　配相州東原　葬喬家莊喬　子一　氏　子一

隆　字盛寶行一　葬相州東原　有傳　配相州宋氏　子三　仁　義　智　自此分三大支

仁　字愛軒行一　葬相州東原　有傳　配景芝鎮葛氏　側室張氏　子二　約　績

績　字東灘行一　附生以治易入太學名著　縣志　有傳　葬相州東原　配景芝鎮李　子一　氏　升

升　字念灘行一　以子開基官　誥贈奉政大夫　工部屯田司員外郎　加一級以孫　贈通議大夫　貴州按察使　司按察使　年四十五歲

《相州王氏族谱》

族谱、家训是维系家风的重要手段。诸城《相州王氏族谱》首修成于康熙七年（1668），其后经三次续修：康熙五十三年（1714）第八世王沛思主持，乾隆四十三年（1778）第十世王辛祚主持，道光十八年（1838）第十一世王增杰主持。道光十八年后，总谱没有再续，但各小支有修支谱者。《相州王氏族谱》体例、内容不是很复杂，从创始时就只有三部分：序言、谱例、谱表。无家训、族规、家礼，不单独列诰命，也无通常家谱所载的墓图。就是序言也只录本族主持修谱者所作，谱表用苏式。王钺为首次编成的《相州王氏族谱》所作《族谱叙》，文简意赅，诸城相州王氏诸总谱、支谱，皆置之卷首。其实此《族谱叙》可兼家训：

　　家之有谱也，以国史为例。国有史，所以彰往也，而其义存乎劝今；家有谱，所以述先也，而其义存乎睦后。夫苟祖宗之世德长存，子姓之睦渊不替，则谱可以不作也。然君子有忧焉：忧夫风教之凌迟也。骨肉而相竞，同气而不相恤，其极也，愈远而愈疏，愈疏而愈乖。同根共出之人，而道路人焉，而秦越人焉，而仇冠人焉。贵贱也而相凌，贫富也而相形，强弱也而相争。呜呼，夫苟导水而得其源，循途而知其脉，则夫仇冠者、秦越者、道路者，其初则固同气也，骨肉也，一本也。古之君子于是创为谱以叙之，使夫开卷而得其所从来，则虽服尽而泽未艾，故凌竞之思不作，而亲爱之念油然而生。呜呼，此古人所以作谱之志也。

小子钺，生于大河以北，其土流亡而多乱，其民转徙而不常，其俗淳朴而不修文事，盖求所谓族谱者缺焉无有。尝与世父冬曹公言而病之，拟创为一谱而传后，而族之人率起身田野，乃有孙不识祖字，子不识父名者。问以行第，则茫然，疏其事，则搁笔。如是者盖搜罗数年而不能成书。若夫谬制文字以欺人，旁援贵显以增重，予小子又耻为之。今年春，予读《礼》之余，乃始踵成前志，询于诸父老昆弟，辑其支派，上断自始迁之祖，下暨兄弟行而止。作为一谱，以垂后人。其间年寿卒葬之详不可知者，不敢妄书以自附于史之阙文之义。书成，而述其旨，以告族人曰：若知夫族之所以为族，与谱之所以为谱乎？予闻之，谱者普也，普载祖宗远近姓名讳字年号也。族者聚也，生相亲爱，死相哀痛，汇聚之义也。若生不相亲爱，死不相哀痛，则无为贵谱，即无为贵族矣。

继自今，请与谱之人期，有子而不养其亲，弟而不逊其兄者乎？长老而不恤其孤，稚弱而不恭其长者乎？族之所不收，即谱之所不载也。然则喜也而相庆，忧也而相吊，役也而相助，力也而相借，患难也而相扶持，疾疼也而相医药，以致婚嫁死丧也而相恤相葬，凡此皆族之人所有事也。然则族之人贵贱贫富强弱之不同也，披图而视之，贵与贱不同而同为吾祖之所自出，贫与富不同而同为吾祖之所自出，强与弱不同而同为吾祖之所自出，则夫侵暴凌轹之习可以不生，凡此皆族之人所有事，即皆谱之意所期于族之人所有事也。而谓谱可以不作耶？而谓族之人可以不明于谱所由作也？

文章最后一段，几乎相当于"家族约法"。后代子孙也再三重申。康熙后期王钺长子王沛思增修族谱，在《族谱后叙》把王钺恬退作为家族楷模，并引唐人"旧时王谢堂前燕，飞入寻常百姓家"作为"持盈戒满之箴"。乾隆四十三年（1778）王辛祚《重修族谱叙》最后说："至敦宗睦族，无为富贵贫贱强弱之相形，先文贞公言之详矣，先太史公言之又详矣。今有富贵贫贱强弱之相形者乎？是先太史公所不愿闻，即先文贞公所不取也。愿共勉焉云尔。"道光十八年王增杰主持清代相州王氏最后一次大修族谱，他在《续修族谱序》中仍强调"无负文贞公创始之深心"。可以说王钺要言不烦的《族谱叙》是相州王氏家风建设的最重要的文献。

（三）突破"富不过三代"的魔咒

赵执信《饴山文集》卷八有为王钺第二子王沛憀及夫人所作《例赠文林郎迈千王君暨杨冷二孺人合葬墓志并铭》，内云："琅玡在诸城县，王氏以望名于古今。今居县之相州里者，家声赫然，冠海岱间。而予同年友汝敬宫允及其弟三人为著。"赵执信所说的"汝敬宫允及其弟三人"，指的是王钺长子王沛思、三子王沛憻、四子王沛恂。这三个人大致可算相州王氏的"富二代"，但他们却不是败家子，而是锦上添花的一代。赵执信文中所谓"家声"，自然与"家风"有关。这兄弟三人谨遵王钺和隋夫人遗轨，使"老实"家风延续下来，并得到巩固。

王沛思为清代诸城第一个翰林，官至宫允、太子侍读，告病家居，读书教子孙为务。他对王氏家风的最大贡献是续修族谱，在《族谱后序》中表现了与王钺《世德录自序》中类似的忧患意识："比年以来，予以告病归里，诸弟或逢节远省，或备位部员，子若孙又皆滥竽乡荐，吾方守先人循墙之训，惴惴然足视地然后敢行也。乃族之人罔念此意，或以年丰食足，逸而思淫。恐将有蔑其父兄，渐及于旁支，渐及于九族、邻里乡党。"文中也引乌衣燕子故事,再敲警钟。

王沛憻虽以举人起家,且长期为权臣年羹尧部下,入朝后又陪伴雍正这样的猜忌之君,但官运亨通,仕至左都御史,告归终老后还赐金顶御葬,可谓善始善终。他是诸城王氏仕宦中最通权达变的一个,对维持"老实"家风,贡献也不小。他去世后,诸子将他的年谱、诗文、尺牍编为《世德堂家乘》,奉为圭臬。

王沛恂也以举人起家,官至兵部职方主事,雍正初,因驳四川军费过重得罪年羹尧党,罢归家居。王沛恂有些道学气,罢归后以乡宦为一门之尊,处理家事仍坚持原则,《世德堂家乘》卷二《家书》中有王沛憻致王沛恂的一封信,对他对待族党某败类过于严厉的做法,提出批评建议:"身为一门之尊,当以活泼泼心地处事,不可过为迁执。盖以圆则动,动则行,方则滞,滞则不行也……族某狂悖,真吾王氏败类。然处此辈小人,只宜不恶而严,私恩小惠以结其心,仗义直词以攻其过。必巽语之言渐入,而后法语之言可施。如闭门不纳,使诐诇之声音颜色,拒之于千里之外,则老羞成怒,将有无所不至者。阳货乱臣贼子,孔子犹往见之,是故宁圆勿方之作用,亦即曲成恶人之婆心。"联想到宋明党争之祸,崖岸高峻,过于迁执,于家于国,都容易激化矛盾,且堵塞所谓"恶人"的自新之路,王沛憻处理家族内部矛盾的做法，值得取法。

美国哲学家爱德华·希尔斯在《论传统》中说："信仰或行动范型要成为传统，至少需要三代人的两次延传。"我们所说的"家风"，对于一个家族来说，接近"信仰或行动范型"。一种道德理念或处事方式成为一个家族的性格特征亦即"家风"的组成部分，确实需要数代人的承传。而中国古语有"富不过三代"之说，这可能也是对家族兴衰规律的总结。清乾嘉间胡季堂《培荫轩文集》卷二《三代仕宦方知著衣吃饭训子说》，对这种现象进行过分析，大致谓第一代崛起寒素，饱暖无虞，已自满足，心存惜福，不失俭朴。第二代虽温饱之余，渐生骄奢，但去父祖未远，俭朴之风仍存，豪矜之心未肆。"至于第三代仕宦，生于富贵之家，温饱视为固有，不知稼穑之艰难，又何知人世有饥寒之事？既丰衣而足食，必鄙俭而从奢，耀身首之华，制作定求合体；纵口腹之欲，烹炮务期得宜，如此则衣无不美而食无不精，此乃所谓方知者也"。但结果往往豪奢丧德，"立见其败"。当然，对很多仕宦者来说，有的第一代就甩开膀子，放纵手脚，走了三代的路，戏曲中的陈世美式人物，在现实中并不少见。有的三四代后一败涂地，也大致遵循"骄奢淫逸，将由恶终"的规律。

诸城王氏在清代崛起后，第三、四代确实迎来了考验。

在清代诸城王氏历史上，王沛恒子侄这一代，科举、仕宦最多，王植、王棠、王本、王柽、王相、王模、王槃、王柯、王概等，或由进士，或由举人，或由恩荫，或由捐纳，纷纷走向仕途。他们席父祖余荫，少年得志，又值国家长期承平，经济繁荣，社会上奢华成习，他们中也有人难禁诱惑，跃跃欲试，幸赖老成长者犹存，能及时觉察、训迪，使他们知所收敛。

《世德堂家乘·家书》中有王沛恒写给长子王本的一封信，对他在道明村大兴土木有所不满：

> 道明楼厅原不必盖。此等举动，乃富贵有余之事，非当为之于百孔千疮之日也。然既经包工，即拮据楼一座亦可。至楼之式样，止照李姑老爷家足矣，何须更添后厦，以致大而无当。

所谓李姑爷，即王沛恒姐夫刑部右侍郎李华之。其故居在诸城城里，也是县城中首数。此事也间接可见亲戚间攀比对王氏的影响。

王沛恒诸子中，王棠最有才气，但少年性好奢华。康熙五十九年（1720）他16岁中举人，时在广西的王沛恒自然欣喜。不过在写给家乡主管家塾的王沛隐的信中却说："十月初四日，有济南报捷二人，报王棠中式。凡事之过于侥幸者，不喜而惧。以乳臭未干之孺子，何以不耕而获？"要王沛隐依旧约束教训。在给王棠的信中，也不吝辞色："都中开来账内，有汝做衣服银五十余两。如此华美，足征汝之骄态，有增无减矣。汝父西粤藩司，其蓄积亦颇有限，何至任意花费而不少为吝惜也。"

王沛憻的长侄孙王元烈，年轻时性格豪放，敢作敢为，而不免粗浮轻率。王沛憻在任上听前往送信的戴姓仆人说，其父王桱竟然将家事托付于他，很是担心。在给王桱的信中说："戴奴口禀，知汝近来静坐，外内诸事，尽委元烈。虽云子代父劳，然其素性狂妄，别有心胸。自用自专之久，不惟外事龃龉，正恐家庭以内，荆棘丛生。《易》曰：'知几期神乎？'几者动之微，可不慎欤？"又修书训责元烈：

> 训元烈：知汝之才气，颇能有为。然用之于正，即为吾家后劲；如其不然，此小有才者，适足为长恶之具。五长凌人，而以一不仁处之智氏之所以败也。况汝区区伎俩，未必能有五长乎？春初邪教煽惑，闻汝联络街邻，守望相助，亦见才之可用。至于上逆父母，下虐奴仆，不仁心迹，几几乎内外同声，可若何？汝祖去世，予之诲词，即为祖训。其能听与不听，乃汝终身之

庆殃所由分也。慎之，慎之！

后来王棠、王元烈都成了循吏。王棠官至宣化道，政绩卓著，雍正帝曾钦赞他为地方官表率；王元烈官至云南南笼府知府，有"神君"之誉。退职后乡居，声望也都不错。

古代大家族，一旦突破"富不过三代"的魔咒，往往会自然形成比较稳定的家风。它会作为一种宝贵的教化资源，对家族子弟具有熏染影响。良好的家风对家族优秀子弟，不必刻意教诫或传授，仅仅通过耳濡目染就能会于心、践于行。"老实王家"之名，从家谱到方志到国史，传播远近，这种舆论影响对诸城王氏也不可小觑。一旦家族有骄奢淫逸之徒出现，必有人举"老实"家法群起而攻之，使其稍知收敛。即使有人偶尔背叛、偏离家族传统（当然，有时"背叛"也有积极意义），家族文化强大的向心力，也会使他们有"不远之复"的回归。所以纵然明季以来，世风数变，诸城王氏也不乏异端分子，但大致说来，其家风还是一以贯之。

晚清王培荀《乡园忆旧录》卷一："诸城相州王氏科第最盛，人称'老实王家'。"可见此时家风仍存，而人们对"老实"仍然带有赞赏和敬意。著名作家王统照先生，为现代诸城相州王氏巨擘。他承养德堂数世积累，又有章丘瑞蚨祥为外家，但生活俭朴。王统照在《清诰封宜人显妣李太君行述》中说:"吾家前稍丰裕,而照略能习勤劳,守躬以简,非先姚董教之方,安能致是?"估计通达文史的李清训迪王统照,也会援引"老实王家"祖范。

(四)由"老实"敛抑到急公好义

最初乡民称许诸城相州王氏"老实",是从"消极的道德"方面说的,即王氏富贵而不骄奢淫逸,不作威作福,不横行乡里,不包揽词讼,总之,不做违背道德和法律的事情。古语云"自胜者强",对于富贵家子弟,能够具有"消极的道德",自我约束,自我降伏其心,已是难能可贵。而对于深受儒家文化浸润的王氏家族士绅来说,由"消极的道德"进入"积极的道德",由"诸恶不作"到"众善奉行",由修身齐家到治国平天下,是自然而然的事情。

查清代历次编纂的《诸城县志》,其中《孝义》、《节烈》诸传所述恤亲赈邻,急公好义之人,总少不了王氏家族成员,而且随着时代推移相关记载越来越多——这与王氏家族各方面资源积累不断增加有关。

诸城王氏中王沛憻做官时间最长,官职最高,政绩最显,俸禄优厚,各种名目繁多的"节敬"、"贺仪",也援例

誥授資政大夫吏部右侍郎加都察院左都御史

于告先考念菴府君年譜

男　棠　檠　敬輯

旬容宗姪　昌學　全校

膠西表孫　法重輝

順治十三年丙申六月乙未初六日癸未癸丑
時府君生於諸城縣北相州鎮東巷、諱沛憻
字汝存、號念菴、生而啼聲宏亮、目光射人、形
神壯旺、食兼乳乃
賜進士出身廣東西寧縣知縣行取

《王沛憻年譜》書影

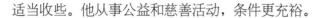

适当收些。他从事公益和慈善活动，条件更充裕。

张廷玉《左都御史王公传》："公所至，留意教化。在浙修刘基、卓敬祠，在黔修文庙，创立讲院，集诸生肄业其中。每去任，士民讴思之。"在外为官时注意所在地的文化设施修建，对于桑梓之地，王沛憻自然更加重视。再说，诸城王氏很早就有装点故乡风物的传统，如王开基赞助相州镇西南汉王山清凉寺，王镆、王钺为五莲山光明寺护法等。关于王沛憻在故乡修建文化设施，《王总宪年谱》雍正八年（1730）条下，就记载了两次。一为修诸城县学明伦堂："诸城簧宫明伦堂岁久倾圮，府君慨然曰：'兴贤育才之地，而鞠为茂草，可乎？'乃捐金倡修，焕然一新。"二为在所居道明村东建文昌阁："道明村居之东南里许，地临潍水，府君建文昌阁，以文纪之，其略曰：'吾子若孙念手泽之犹存，思命名之何意，奉文昌阴骘之言，为夙夜检身之道，世守书香，无堕先业，则予之愿也。'"

清代史志中关于王沛憻的记载，多侧重其赈灾活动。清乾隆《大清一统志》卷一百三十六王沛憻小传：

> 王沛憻，诸城人，康熙甲子举人。四十三年，邑大饥，沛憻倡乡绅认赈之法，各量力赈其亲族邻里，请以官米减价平粜，人不知为歉岁。历任至广西布政使。

五十八年，闻邑中稍旱，亟遗书其子，命出家粟千石助赈。雍正八年，邑又大水，沛憻家居，仍倡率分赈，县人德之。

传中关于王沛憻政绩，竟只字不提，而唯表彰其慈善行为。乾隆《山东通志》卷二十八《人物》之王沛憻传，除了记载其在福建漳州同知任上请制止骤裁兵丁之事，其他全是赈灾义举。

康熙五十八年至六十一年（1719—1722），诸城连年灾荒，王沛憻在广西遥控指挥亲族赈灾，他给王沛恂、王沛隐、王培宗、王桎、王本等都写信劝导、建议。尤以给王本写的家信剀切详明：

汉口家报到粤，知汝菊月十五日，舍舟而陆。从此此计程而进，十月中可望里门矣。汝父当总角时，即期为家国有用之人，今值吾乡饥荒，父族母族贫乏无告者必多，汝当极力周恤，善成乃父之志。按族人多寡，酌亲疏缓急，计口授粮。务期全活。断不可虎头蛇尾，以致有名无实也。安养佃户，亦属要紧。不有民，何有国？佃户逃散，则此庄成墟，势必赔纳钱粮，无所底止。不几以养人者害人乎？至乡井流离之人，不能遍给，或向县父母处，借谷三四百石，于城内施粥。然必恳县父母委人，协吾之家人方可。断不宜在本街为此，以防聚集匪类，争夺多事也。凡事与西南楼两叔，桎、楷、相诸兄商议，总以用人妥当为第一着。王之懿、吴四、常福泰等，均可随才器使。城中煮粥，或王远、王九之类，禀命汝伯父、六叔斟酌可否，庶不至有浮冒中饱之弊。汝父年过六旬，世事久已看破。积书不读，积金难守，何如积阴骘以贻子孙也。

清朝从康熙平定三藩之乱后，注意休养生息，人口迅速增长；实行摊丁入亩，除消人头税，更助长了这种势头。由于当时生产力水平相对低下，有些地区人口超出土地的承载。加之土地集中现象逐渐加剧，民生问题日益严峻。王沛憻所谓"不有民，何有国"，民安自国安。他的多次赈灾义举，一方面为自己的家族营造良好的生存环境。从大处说也是为国安民，这可能也是史志对他慈善义举大力表彰的原因。

清代咸丰年间，捻军曾两次过诸城境"打粮"，诸城相州王氏家族成员王海澄、王云湘、王梦龄、王海鲲、王锡冕、王为桢等团练乡勇，保卫家园，也是诸城王氏急公好义的典型表现。在这次抗捻斗争中，山东巡抚给王云湘等书信，许以军法治乡兵，王云湘等秘而不出，宁用恩信，不施威权，最终得乡党效死相助，同仇敌忾，保全桑梓。本书第二部分中"清末家族的尚武之风"一节将详表。

诸城王氏士绅的急公好义，其实已涉及对地方的维持和管理。明清时代皇帝或中央政府任命的地方官，到县级为止。县衙以下，存在着三个非正式的权力系统：其一，是附属于县衙的职业化吏役群体，明清时期一个县内，吏、户、礼、兵、刑、工六房胥吏一般有数百人，但其中在编吃财政饭的不过数十人。其二，是里甲、保甲等乡级准政权组织中的乡约地保群体，他们不拿俸禄，是一个出力不讨好的苦差，大多由平民百姓轮流担任，这一群体每县亦有数十至数百人不等。其三，是由具有生员以上功名及退休官吏组成的乡绅群体。一般每县数百名上千名不等。像诸城这样的科举、仕宦大县，清朝中后期，乡绅数量要超过千人。

关于这三个非正式权力系统的运作，如费孝通先生在《乡土重建》描述的那样：县衙门的命令通过衙门胥吏向下传达。这些命令很少是直接发到各家各户去的，多是把命令传给乡约地保。衙门吏胥虽直接代表统治者和人民接触，但其社会地位特别低，受人奚落和轻视。乡绅是不出面和衙门吏胥直接在政务上往来的。当乡约地保从衙门吏胥那里接到公事后，就得去请示乡绅。乡绅如果认为不能接受的话就退回去。因为违抗了命令,这时乡约地保就会被胥吏送入衙门。于是,乡绅乃以私人关系出面和地方官交涉,或通过关系到地方官的上司那里去交涉。交涉成了,县衙命令自动修改。乡约地保也就回乡。自上而下的皇权与自下而上的绅权相互制约和补充,在一定程度上能维持传统国家与社会之间的交接关系,并确保了传统政治体制的正常运行。

在封建社会各种统治权力中,无官之名而有官之实的绅耆对民众的保护是积极的,他们维持地方秩序的方式往往也为乡民乐于接受。士绅除了利用根深蒂固的宗法资源和世代积累的道德威望,有时还要在经济上作出牺牲。他们对政治管理的非制度性参与,他们对官府命令的讨价还价,可能影响行政效率,但却大大节约了行政成本。明、清朝廷命官,至县级为止。知县总揽大权,下设县丞、典史、主簿、驿丞、教谕、训导、巡检、盐课大使等各一两员,机构并不复杂。查阅乾隆《诸城县志》卷九《田赋考·起运存留》,其中"官俸役食"部分,一千四百二十两五钱三分五厘四毫,加上"杂支"二百三十三两五钱五分三厘五毫,"里甲夫马"一百四十四两八钱四分二厘五毫,"共计一千八百二两七钱一厘四毫"。文中还说明,"里甲夫马"之费,"前明费出民间,故名,今则支销正赋,而仍其名耳"。清朝中期白银价格,折合今天人民币不过二百元左右,以此计算,则清代全盛时期幅员倍于今日辖境的诸城一县全部管理成本,不到四十万元。管理队伍小、成本低,人民负担自然减轻,社会自然相对安定。清代官绅合作管理的模式,对维持社会稳定,有事半功倍之效,在中国历史上,也是做得最好的;对后世精简行政机构,减少管理成本,推动社区自治,也有一定的启发。

二、与时俱进，纳新通变

（一）唯"老实"者善通变

考察明代以来诸城王氏家族发展的历史，我们发现该家族家风还有一重要特点，那就是善于顺应世变、与时俱进。如果我们把前面所说王氏家风一大特点"老实"理解为谨小慎微、胆小怕事，似乎与善于顺应世变相矛盾。如果我们再把顺应世变简单地理解为见风使舵、投机取巧，二者更是水火不相容。但倘若我们了解了诸城王氏家风这两个特点的实质及其产生的家学渊源，就会发现二者其实互为表里。

诸城王氏的家风，与崇尚易学有重要关系。明清科举考试，八股文外的经义，士子于《五经》中任选其一。诸城王氏士子，多选《周易》。王钺《世德录自序》："吾王氏自曾王父东潍公，始以治《易》入太学，是为读书之始。"东潍公即相州王氏第四世王绩。明代诸城相州王氏唯一的一个举人是万历四十六年戊午（1618）山东乡试第二名王开基。康熙《诸城县志》卷七"王开基传"曰："王开基，字臐原，相州社人。戊午以羲经魁于乡。"对王氏家风建设贡献最大的王钺、王沛憻父子，齐家垂训，多援《易》理。

诸城王氏最著名的堂号是"世德堂"，其实此堂号原为"世易堂"，王钺《世德堂集》卷四《归来》诗有"潍阳风月未郎当，解组归来世易堂"之句；同卷《再作遣怀诗三首仍用前韵》又云"旁人错比扬雄宅，好是潍西世易堂"。对于王氏，学《易》是为了进德修业，"易"之与"德"，互为表里体用。现代著名作家王统照家堂号为"养德堂"，其堂兄王统熙家堂号为"居易堂"，亦可参解。

清后期，以相州王氏王溥长、王作桢父子为主要开创者的诸城古琴派，多能将易理与乐理相参，诸城古琴派常用的琴谱中就有《读〈易〉》、《读〈参同契〉》等曲目。甚至王统照也迷恋《周易》，他回忆童年生活的小说《读〈易〉》，最为闻一多欣赏。

诸城王氏的对《易》的偏爱，与诸城一带文化传统有关。诸城是中国易学的重要策源地，先秦两汉之际，一度是全国易学的中心，现在通行的《易经》文本，由田何手定。而田何之《易》，受自战国时孙虞（字子乘），传于汉初王同（字子中），皆东武人。孙虞、王同，分别是孔子易学的第五代、第七代传人。清康熙《诸城县志》列田何于"侨寓"，鉴于诸城一带曾是田氏采邑，20世纪70年代在诸城西北臧家庄出土编钟、编镈、编磬战国墓的墓主公孙潮子即田齐宗室，不排除田何是诸城人的可能。

汉代易学，立于学宫置博士者有三家：施、孟、梁丘，施雠一家，史册可考者六人，琅玡即有二人：鲁伯、邴丹；至于梁丘之学，其创始人即东武梁丘贺，其二、三代传人梁丘临、王骏，亦琅玡人。汉代易学流派中，没有立于学宫的东莱费氏《易》，在琅玡也有传人，那就是王璜。

据李清照《金石录后序》，唐宋间诸城赵氏，"自来家传《周易》"。《朱子语类》卷一百三十一载秦桧任密州教授时，有一隐者预言他将来会做宰相，当时名儒游酢也在密州，勉励秦桧："隐者甚验，幸自重。"这位"知几其神"的密州隐者，可能也精于易理。诸城易学，明清时期一度又出现高潮。而诸城王氏适逢其会。

天行人事，永远处在绝对的运动、变化之中，不以人的意志为转移。《周易·系辞下》："吉凶悔吝者，生乎动者也。"同一动，吉居其一，不吉居其三。作《易》者的忧患意识，或与此有关系。人类活动，莫不求吉而避凶，但因缘所限，往往不如意事常八九，偶有如意，又往往骄满招损。所以《周易》六十四卦三百八十四爻，凶多而吉少，惟《谦》卦六爻皆吉。诸城王氏之勤俭、敛抑、"老实"，深得于《谦》卦，这是可以以不变应万变者。能勤奋，知敛抑，则不忘忧患；朝乾夕惕，自强不息，如此与时偕行，自然吉无不利。《谦》之卦辞云："亨，君子有终。""有终"者，有未来也，可持续发展也。相反，骄奢淫逸不老实，则没有未来，尚何谈与时俱进。《周易·系辞》："穷则变，变则通，通则久。"唯谨慎谦虚，才能知几其神，及早认识到危机，才能不顽固保守，及时变通。

中庸思想是负载中华民族永远不沉的精神方舟，古代经学家常以《艮》卦卦辞"时止则止，时行则行，动静不失其时，其道光明"与之发明。诸城王氏的"老实"与中庸相通。相州镇东南四公里的道明，因在潍河渡口，原名"道港"，康熙后期王沛憻移家于此，改名"道明"，盖有取于《艮》卦卦辞。王统照所著、被赵园称为唯一的一部"较为完整地描述了五四退潮期到大革命前夜青年知识者们不同的政治动向"的长篇小说《春花》中，主要人物名"坚石"，而"石"为《艮》卦取象。《春花》本为《秋实》之上部，书名令人联想起古代经学家对鲁史取名《春秋》的解释："春为阳中，

王统照《山雨》初版书影

万物以生；秋为阴中，万物以成。欲使人君动作不失中也。"
王统照的《春花》、《秋实》，则是反思狂飙突进的新文化运
动之得失而求其中。

王统照描写20世纪30年代初农村史诗作品《山雨》，
书名便预示社会剧烈动荡。主人公名"奚大有"，"大有"为
《周易》卦名之一。《大有》九二象词曰"积中不败"，小说
则写国民政府罔顾民生，竭泽而渔（第一章即写乡民前所未
闻的"预征"），加上兵匪抢掠肆虐，山东农村穷剥极否。"奚
大有"者，"何来大有"也。农民的破产招来一系列重大社
会问题。王统照《题重印本〈山雨〉与儿子济诚及其妇超群》
诗中有云："此是寒霜初履候，坚冰阴惨变清秋。"《以〈山
雨〉赠克家附题四十字》中云："大田艰稼穑，碧血幕山河。
望变能通久，悲秋岂啸歌。"诗中忧世，皆含易理。至于"望
变能通久"，似乎表明王统照不满足于顺应世变，还要以其
说警告当道，斡旋世运。

历史上的动乱、革命，大都由权力、财富过于集中，引
发社会矛盾所致。但动乱、革命以后，重新分配权力、财
富，二者也往往重新高度集中，催发新的动乱、革命，周而
复始。这就是所谓"兴亡周期率"。现代易学大师杭辛斋先
生《学易笔谈初集》卷四《损益盈虚》，自以为从《周易》
中找到了解决的办法：

> 吾国数千年历史皆一治一乱，循环往复致人事永无进步，不能与世界列强相抗衡者，正以吾人只知以益求益，而不能以损求益。故极其功只能转否，而不能化否。能化否，则否变同人。同人而进于大有，世运始有进步。始避泰否之循环线而入于倾否之螺旋线，然后得合于进化之正轨也……乃三千年来竟无一人能察圣人之象，昧圣人之言，以求日进而无疆，坐令锦绣之乾坤，困于一治一乱之轮回，而无发展之机，不亦深可痛哉！

杭辛斋以为自己"发前人所未发，明前人所未明"，并为中国庆幸，所谓"劫运当复，天诱其衷"。杭老先生是否言重，我们且不予置评。但他阐述的道理并不难理解。关键是社会强势阶层是否能做到"以损求益"。从历史上看，越是在社会矛盾尖锐，社会危机严重的时候，强势阶层越是以末日心态，竞赛掠夺搜刮，大开人肉宴席，引发人民偕亡之恨。

诸城王氏的"勤俭自敛抑"，以及该家族历史上热衷赈灾、慈善，有些"以损求益"的意思。四百多年来中国历史的历次浩劫、动乱，都没对该家族造成毁灭性冲击，甚至使该家族找到了新的发展契机。

（二）抓住明清易代之际的"机遇"

清朝前期，是山东文化历史上少有的全面繁荣时期。政治上有权相刘正宗、贤相冯溥、孙廷铨，科举方面进士、翰林的数量空前增多，开国状元也出在山东，特别是在诗歌领域，有人称山东"以一隅敌天下之半"。再以诸城为例，明代共有 32 名进士，还包括流寓外地自称诸城人的翟銮父子等，而在清代则达 110 名（顺康二朝又占相当数量），仅诸城相州王氏就有 17 人。明代三百年不算翟氏父子诸城无一翰林，而清代入翰林院者 28 人，其中相州王氏 6 人，康熙十八年（1679）王沛思选翰林，又是诸城第一个，老诗人刘翼明特作《破天荒》一诗咏叹。

卢见曾《国朝山左诗钞序》解释清初诗山左甲天下的原因："盖由我朝肇兴辽海，声教首及山东，一时文人学士，鼓吹休明，黼黻盛业，地运所钟，灵秀勃发，非偶然也。"明代辽东属山东布政使司管辖，清朝入关前，被其兵祸最严重的是辽东、山东，但最早与清朝合作的也是辽东、山东人。甚至被掳掠俘虏的辽东、山东人，加入清朝军队，"从龙入关"，竟成丰沛子弟。如王沛憬的岳父李士桢，本昌邑姜氏，崇祯壬午被掳后赐姓李，入关后官至督抚，这种情况并不少见。美国史学家魏斐德也指出这一点："在多尔衮进入北京的三个月内，吏部的汉人尚书、侍郎都由山东人担任了。山东人递相引荐，以求得朝廷注意。这个省份的名流在京城的影响更加明显了。而且，山东人在科举中成绩优异，就像早些年间的北人那样。1644年和1645年，进士的名额都增加了。这立刻扩大了获取高官的机会；而名额的分配，主要限于那些束手归顺的地区，如北直隶、山东和山西。"清初权相之最，且为北党领袖的安丘刘正宗，为诸城王氏姻亲，顺治七年（1650），及第才两年的王镆以户部浙江司主事出使江宁（在今江苏省）督复成仓，刘正宗作《送王朴庵户部金陵司饷》诗送别。财赋部门自古是肥缺，王镆以新进之人得之，可能得力于刘正宗的援引。

与较早"归顺"清廷的北方相比，南方抗清斗争，又断续进行了数十年。士大夫或追随南明，或依违观望，或顾虑政治操守和民族气节，直到三藩平定之后，劫尘落定，才开始与清朝全面合作。在此之前，无论官场、科场甚至文坛，由于文化发达的南方一些省份没有充分参与竞争，北方士子得到了充分展示才能的机会。在康熙己未（1679）博学鸿儒考试以后（本次考中者江浙人占80%以上，山东只有诸城李澄中一人上榜，王钺被荐未中），南方逐步扭转这种情况。邓之诚《清诗纪事初编》说："清初青齐海岱间，人文之盛，足与大江以南相匹敌。后来则少衰矣。"王士禛《香祖笔记》卷七："康熙初，予自扬州入为礼部主事。时苏、松词林甚少，现任数公又皆以奏销一案诖误，京堂至三品者，亦止华亭宋副都直方（征舆）一人。迄今三十载，乃极盛，其他无论，即状元鼎甲骈肩接踵，而身兼会、状两元者，如癸丑韩宗伯慕庐（菼）、丙辰彭侍讲访濂（定求）、乙丑陆侍讲澹成（肯堂），皆是也。他如翰林台省尤众，地气盛衰，信有时哉。"其实所谓"地气"的迁移盛衰，与政治经济形势的变化关系极大。再就是山东人有北方人的质实魄力，拨乱之世易于见功，承平之世需要润色修饰之才，就难与江南人竞其妩媚了。无论怎样，山东在清初一步领先，虽然不可能步步领先，但易代之初山东文化的辉煌给山东士子的自信和激励却不会轻易泯灭。

清初诸城王姓成员，无论在野在朝，都很少表现出对明朝的留恋和对清朝的敌视（当然也没表现出对异族新主的奴颜婢膝）。这可能由于他们没受多少明朝的深恩，反而亲历了明末的政治腐败。明万历二十六年（1598）状元、翰林院编修赵秉忠为万历《诸城县志》作序云："今小东大东之机杼空矣，山灵河伯之蕴蓄竭矣，人心蠢动，宁无先见。"康熙《诸城县志》王恢基传："公以明季政权在私门，绝意制举，第旦夕课训群子曰：'天下将乱，先业不可费也。强为善所以避兵，勉读书所以长世，吾儿勉之。'又集古训立为家法，平生洞晓数学，未尝一言休咎。己卯山左尚粗安，独喟然曰：'天下乱矣，而不及吾身，若曹其自为计。'庚辰，果病不起。越二年，而山左乱。又二年，而有明鼎革，尽符所料云。长公镇，次公钺，俱成进士。少子锡，入太学。长公历官江南左布政使。恩纶屡赐，如子长公官。又以学行符舆论，学使为达部入告，荣祀学宫。"同书王开基传，"昭代龙兴，需才孔亟，诏前代乡贡士出膺民社，授浙江寿昌令"。王开基与王恢基为同胞兄弟，前者因明末政治腐败而绝意仕途，后者入新朝立刻有弹冠之庆。对于明末的政治腐败、民生困苦、风俗浇漓，病入膏肓，即使没有清朝入关，其灭亡也是必然的。而对于家传易学的诸城王氏，与时俱进，顺应大势，也顺理成章。当然，毕竟清朝代明是游牧民族入主，诸城王氏没有表现出相当的民族气节和反抗精神，也是事实。这是不可以拿"素夷狄行乎夷狄"自辩的。这种情况北方较之南方更为普遍，这与北方距统治中心近，征服时间早，统治也更为着力有关。

（三）"盛世"家声冠海岱

　　清朝在平定三藩之乱后，社会渐趋安定，统治者采取休养生息政策。特别是自康熙末逐步推行摊丁入亩法，赋税之轻，历代少见，并且这种政策一直持续到辛亥革命。王统照《山雨》第一章写20世纪30年代初的乡民听到"预征"二字，连六十多岁的人都称前所未闻。可见即使清朝末期内忧外患，赔款条约一再签订，赋税政策也没有多大变化。清朝统治者未尝不想多收，但前有明朝后期赋税繁重，瓦解崩溃于"闯王来了不纳粮"秦腔的教训，自身又以游牧民族入主华夏，汉人会轻易将社会不满上升为民族反抗意识，不能没有顾忌。对农民的优惠政策与文化上的高压政策（所谓文化高压政策，其实又是以"右文"的方式出现，主要是针对民族意识）结合，使清朝社会长期安定。这样的社会环境，其实有利于"老实王家"这样的家族持久繁荣。

　　相州王氏的家族结构形态，是许多同姓同宗的个体小家庭聚族而居，兄弟多者，成人授室，即析居、异产、分爨，长辈一般由长房供养。就每个小家庭而言，多属于中产耕读之家，赋税轻，有利于家族成员谋生之外，从事科举、仕宦和文化活动。家族的敛抑、"老实"，使他们很少"以文犯禁"，在仕途上也比较平稳，很少大起大落。

相州王氏的崛起，得力于对八股教育的重视——一直到19世纪，能使田舍郎登天子堂的八股考试制度，比当时欧洲仍普遍存在的世袭制至少在程序上有无可争辩的公平性和先进性，所以即使像王钺、王沛憻这样推崇用世之学，却把一生最好的年华偿还八股债的成员，对于科举教育，也高度重视。王钺的《朱子语类纂》是家塾读本，将朱子平心论科举的文字（不取朱子"科举坏人心术"之类高论）放在全书最后，指出八股取士制度在当时是无可奈何的选择，曲终奏雅，念兹在兹，从理论上予以重视。实践上，广设家塾、族塾，延请名师。日照丁凯曾，潍县韩梦周、宋书升都先后为王家西席，他们都是德才学兼备的名儒。相州王氏族塾不仅收本家子弟，亲戚中学子也可来此读书。如康熙四十五年（1706）进士李璿、乾隆二十五年庚辰（1760）科会元王中孚等，少时都曾在相州王氏宗塾读书，后来都成了相州王家的女婿。

相州王氏对于家族成员的学业教育，以循循善诱为主，间有少年桀骜，适当上些手段，但一般严不伤恩。这方面与清爱堂刘氏稍有不同。《世德堂家乘》中有王沛憻致刘棨的一封信中，有这样一段文字：

四叔岳生前热衷教课诸弟，每以鞭笞从事，侄婿庚寅年自滇南归家，曾觉过于伤恩，极口相劝。然与五弟背地闲谈，探其词意，察其颜色，绝无半点怨尤。至性过人，福量必大。

所谓"四叔岳"，即刘棐，"五弟"，即刘棨第五子刘统勋（也是王沛憻族妹夫）。当王沛憻写此信时，他还是个秀才（刘统勋是康熙五十六年举人）。在科第方面，这一时期刘氏极盛。从这封信我们得知，一代名相刘统勋，青少年时代，也曾受过鞭笞修理。王沛憻以为刘棐以鞭笞教子弟，"过于伤恩"，也是常情。督罚过严，弦骤易崩。清爱堂刘氏自刘棨孙辈后，科第寥寥，未尝不是这一原因。毕竟有刘统勋志量的是少数，像刘棐那样下得了狠手的师儒，也难以为继。

赵执信《饴山文集》卷八《例赠文林郎迈千王君暨杨冷二孺人合葬墓志并铭》中，说相州王氏"家声赫然，冠海岱间"，他写这话的时候，为雍正九年（1731），相州王氏科举高潮尚未来到，但也已远近闻名。大约同时，赵执信还为相州王氏祠堂写过一副楹联：

占尽春秋两榜，子午卯酉，辰戌丑未，兼之巳岁登科，亥年发甲；

看来袍笏满床，祖孙父子，兄弟叔侄，更有外甥宅
相，女婿门楣。

其中"女婿门楣"，指高密三李之父李元直御史、刑部左侍
郎李华之，以及已中进士入仕途的刘统勋等人；"外甥宅相"
指李华之之子李璿等，鉴于刘统勋之子刘墉在赵执信去世时
尚未赏给恩荫举人，可能没他什么事。

乾嘉之际，相州王氏科举又出现一次高潮，第十一、
十二两世，出现了兄弟叔侄五进士，先是王应芬、王应奎、
王应垣兄弟"三凤联飞"，相继成为进士，不久王应垣长子
琦庆、三子玮庆，也成进士，而且是嘉庆甲戌（1814）会试、
殿试同榜。同胞兄弟同榜进士，这在诸城科举史上，也是仅
有的一例。

（四）清末家族的尚武之风

诸城处山东沿海，明代为防倭乱，曾有大量驻军。清
乾隆《诸城县志·武备考》："县在明以前，屹然重镇也。至
明为青州属县，文吏仅一知县，而武备加详焉。明制，于
要害地系一府者设所，连府者设卫。大率五千六百人为卫，

千一百二十人为千户所，百二十人为百户所，设总旗二，小旗十，大小联比以成军。县为海防重地，故设守御千户所，与青州左卫、安东卫、灵山卫相为犄角，隶山东都司，而属于左军都督府。终明之世，未之改也。"清代卫所撤销，但原先屯军及其家属并没有迁走，他们在清代变成了民籍。最典型的是与诸城王氏、新城王氏都连宗的王赓言家族，其始祖王友本直隶良乡人，建文时从燕王"靖难"有功，被命为诸城所掌印千户，世袭不替。明代武将辈出，较著者有万历朝浙江总兵王良相和明末参将王希灿。军籍居民对本地文化、风俗的影响很大。简而言之，就是在本土风俗中植入了尚武的基因，一有时际运会，便会有所表现。

前文提到的王钺，是学者、文人、循吏，但在明清易代、社会混乱之时，曾与诸兄弟挽弓执戟，护卫家园。在广东西宁任知县时，藩乱初起，他集合诸狼长，训练士民，严阵以待，逼退窥伺西宁的孙延龄部。康熙时，诸城相州王氏第八世出了一个武进士王善宗。据乾隆《诸城县志》，王善宗"字茂先，康熙十八年武进士，授安平水师左营守备。靖海侯一见奇之，曰：'将才也。'安平为台湾门户，外接澎湖，岛屿以百计，奸人出没其中，善宗分潜战舰，昼夜巡警，终其任，无敢窥鹿耳门者。"

清朝末年，内忧外患，各种矛盾激化，社会逐步陷入危机、动乱中。在此背景下，全社会尚武精神有所抬头。特别是洪、杨起事，曾、胡治兵以后，"为王前驱"成为士林所尚，中国自宋代以后重文轻武的风气也有所改变。诸城王氏以军功出身的也越来越多。获得表彰、袭荫者也不少，载于《增修诸城县续志》者数以十计。其中较有代表性的是王莲塘。

王莲塘，字吏香，号雨舲，王开基七世孙。道光二十六年（1846）山东乡试第 36 名举人，咸丰三年（1853）癸丑科进士，会试第 84 名，殿试三甲 63 名。初署河南汜水县知县，钜匪孙定国聚众反叛，曾杀害前任知县，莲塘上任不久，即用计除之。调补新安县，转渑池知县。渑池巨盗黄六，出没无常，夜入民宅，非杀即抢，民受其害。莲塘莅任，以计捕捉之。知府以能员第一上奏朝廷，补杞县知县，捕盗安民，断案如神，县民为设长生禄位。以协助蒙古亲王僧格林沁镇压捻军有功，先后保升郑州知州、裕州知府。年六十余，挂冠归里。当其在郑州时，曾配合僧格林沁，重创捻军张宗禹部。"适捻匪张总愚（即梁王张宗禹）围州城，城守兵无敢发砲者，莲塘自然之，被砲车触城下，伤股掖。登城复发砲，众胆壮，城砲皆发，贼阵乱，僧邸兵乘之，宗愚逸"。僧格林沁曾两保王莲塘，同治四年（1865），僧格林沁在山东菏泽北高楼寨，被捻军包围"殉国"以后，王莲塘族叔王以键于是年冬，"建僧忠亲王祠于叩官庄"。王以键在五莲山下以私人名义为僧格林沁修建祠堂，如果不是因僧格林沁与王莲塘的关系，那就是倡导"为王前驱"，以武立名。

咸丰年间，捻军两次入诸城。在"抗捻"保家活动中，诸城王氏尚武精神也达到高峰。据《增修诸城县续志·总纪》，咸丰十一年（1861）二月二十五日，"捻匪至渠河南岸，邑城戒严。知县崔澜带勇会乡团御之，贼南窜"；同年八月初五日，"捻匪犯境，杀戮焚掠甚惨，往来蹂躏至十月初三日，始南窜"。同治六年（1867）夏五月，"捻匪至，突运河长围，由县境窜登莱间"；同年冬十月，"捻匪回窜县境，官兵追剿，幸未盘踞"。

产生于清康熙年间豫、鲁、皖地区零散的北方民间社团捻党，乘太平天国全盛之际崛起于黄淮之间，为太平天国北方盟军和屏障。1864年7月19日天京陷落，太平天国覆亡，此后四年间，捻军成为抗清的主力军，它联合太平天国余部，转战鄂、豫、皖、直、鲁、陕、晋、苏八省，沉重打击了清廷统治。

捻军后期，山东是主要战场。这与1855年8月黄河在河南铜瓦厢决口，改道北流经大清河入海，使捻军东进方便有关；也与山东为沿海富庶地区的吸引有关。东、西捻军的主力，最后都在山东境内被歼灭。其失败的原因很复杂，从它自身来说，捻军自始至终都是由"血缘"和"地缘"关系结合的乡土农民武装，没有提出远大、鲜明的政治纲领，未能调动广大农民参加起义的积极性；没有团结一致、坚强统一的领导核心；没有可行的战略规划和正确的战术指导方针；忽视建立巩固的根据地，陷入流寇主义。从历史记载看，捻军入鲁，东奔西突，"打粮"（筹集粮款）是重要目的。在具体的军事行动中，捻军也并没有显示"文明之师"的风范。《增修诸城县续志》卷十四《忠烈》："邹梅，少习拳勇，有胆略。辛酉春，与子尔炯率团勇五十人防贼于渠河东岸。时届清明节，贼踞戴家庄，掳掠妇女，令裸体作秋千戏。梅闻之，眥裂发指，率勇突攻其巢，杀声震天，救出难民甚夥，夺获马匹、器械无算，斩首四十余级，生擒贼魁梁姓，献邑令斩之。"清明时节，天气尚寒，捻军强所掳妇女裸体，恐怕不仅是为反封建、反礼教。而山东各地的抗捻行动，不仅是缙绅阶层，就是一般农民也是出于自保需要。再加上统治阶级的欺骗宣传，威逼利诱，像相州王氏这样的家族，抗捻保家几乎是必然的选择。从某种意义上说，清政府（特别是僧格林沁失事后曾国藩入鲁期间），鼓励创办团练、修筑圩寨，坚壁清野，不仅孤立了捻军，使其在山东难以立足，也保护了地方元气。至于褒忠赐恤、荫子孙、建祠堂，则同时弘扬了尚武精神。

应该说，咸丰、同治间捻军四次入境，与明崇祯壬午清兵屠掠诸城一样，对诸城王氏的损害都不大。而诸城王氏在抗捻保家过程中的表现，尤为可圈可点。在捻军入境期间，相州这个文化名镇获得保全，王恢基七世孙王海澄及从弟王云湘，贡献最大。《增修诸城县续志》卷十四《忠烈》有两人传记：

> 王海澄，子静源，前志嗣繁孙，嗣繁与子殁湖北，不能归丧，海澄年十六，只身返，谋于叔钦瑜，钦瑜予金及仆，往返六千里，始得归葬。既而尽退先业与异母弟，而自往日照，从外家学，因家焉。三年入邑庠，尝与同学生共试济南，同学生病疫，海澄不入场，亲为服役，卒以其丧归，日照人义之。辛酉春，归为相州团练长，从知县崔澜御贼渠河上。时诸团多凭险守，海澄曰："贼不大创不能退。"乃策济河与贼战，斩百余级。贼遁去，海澄被数创，所部死者十六人。海澄舆十六人之尸还，遍历其家，厚恤之，视其敛而哭之，痛极创裂，卒，年六十有四。乡人立祠祀之，而以十六人者从。事闻，诏祀忠义祠，荫一子主簿。子恩枞当袭，让其弟政枞焉。恩枞伉爽有父风，幼失恃，事继母能得其

欢心。辛酉，海澄归相州，恩楸佐日照进士李伯忠筑砦成山以守，贼不能攻，乡里赖之。以岁贡终。

云湘，字书田，代海澄为团练长，与兄梦龄、弟海鲲筑相州镇为堡。秋八月，贼至，列阵五里外，将攻堡，会阴黑，云湘等夜缒壮士，斫贼营，贼惊逸。渡潍陷于淖，被掳数十人，藉得逃脱。丁卯，大兵围贼登莱，赵观察筹饷至相镇，见云湘、海鲲，奇之，委以饷事，云湘为备刍荛饎糈无缺。事平，议叙云湘五品衔，海鲲主簿用。初，知县崔澜重云湘，禀巡抚给札许以军法治乡兵，云湘秘之。团撤然后出之。或问故，云湘曰："乡党宜结以恩信，且安保同事者不藉此协制乎？"闻者叹服。年七十五，卒。

王笃宗后代聚居的巴山，也没有遭到灭顶之灾。这主要得益于王廷庆之子王锡冕。《增修诸城县续志》卷十二："锡冕，候选布政司经历，少慷慨，辛酉春，南捻掠诸，锡冕虑其再扰，纠邻村筑砦巴山上。秋贼果至，入砦避难者数万人，皆获免，乡人德之。"

诸城王氏清代最后一个进士王世桢所居梧村，也躲过了劫火。《增修诸城县续志》卷十三《文苑》："王为桢，字济廷，诸生。性高旷，不事生人产。父文渡尝独立筑所居梧村为堡，活万人，因而破产。家屡空，读书益力，诗学温、李，晚愈工。"据现存王世桢进士朱卷，其族兄王为桢是他的业师之一。劫火过后，仍理笔砚。

这一时期王氏士子崇尚武勇，可谓与时俱进；至于在治乡兵时宁结恩信，不施权威，更是"老实王家"做派。而若非平日就与乡党友善相处，恩义感孚，临危作秀，恐怕难以有这样的号召力。假如以前武断乡曲，作威作福，乡党且有偕亡之心，不惜与外寇里应外合，更何谈急难相保。明末"奴变"，就是前车之鉴。

（五）戊戌变法后王氏家族教育的转型

戊戌变法以后，近代学校教育兴起，诸城王氏也走在前头。诸城距离德占青岛和英美传教士创办的广文大学所在地潍县不远，对近代教育早不陌生。家族成员中关注时务、积极参与新政的王凤翯在办学方面表现积极。民国五年（1916）佐藤三郎所编《民国之精华（第壹辑）》之《中华民国议员列传》中，就有王凤翯中、日、英文小传，介绍王凤翯："君幼好读，及长，殚心经世之书。性任侠好义，喜周济穷苦。中年喜谈时务，于译本及时人名著，无所不窥。清末，倡办学校甚夥，校内职教各员，多采用醉心共和之士。"王凤翙创办的学校中，就有相州王氏私立三等学堂。王凤翙会同族人议定由王氏祭田捐出五顷，收取地租为建校基金和常年经费。1906 年秋，学校正式创立，王凤翙任校长，北京学部派一旗人任校监，王纪龙任副校监，学制三年，聘请当地名流教授古文、历史；聘外国传教士教授数、理、化和英语课。学校办得卓有成效，曾获清廷学部金质嘉禾奖章。

近代学校教育，一方面教育内容要与时代接轨，学有所用；另一方面要努力做到普及化，扩大受教育面。但新式教育，其师资、成本远过于数百年一贯的《四书》八股教育。八股教育的教材、文房数事，可世袭使用，近代教育教科书无论数量还是更替频率，都非科举教育所及。至于理化、生物、矿物之仪器、标本，更为传统科举教育闻所未闻，而这都需要钱。有人计算，以一万万待学之儿童，使人人得就学之所，非有二十万万之岁入。在当时内外交困，民穷财尽的时世下，是难以实现的。其实当时清朝拨给学部的教育经费，才有区区二百万两。真可谓杯水车薪。由于当时人民赋税负担已相当之重，摊派学捐也并非易事，以此激起"毁学"民变的情况也屡有发生。所以清末办学，数量本身不足，且有数量无质量。有的学校，其实连过去一般私塾也不如。

清末相州王氏私立学堂，曾获清学部嘉禾勋章，它也无愧于当时办学的典范。由于聚族而居的相州王氏经济实力雄厚，且诸城王氏向来有重视教育的传统，办学经费不成问题。至于师资和管理队伍，更是一流。特别难能可贵的是，学校还聘外国传教士教授数、理、化和英语课。建校第一年，招收中学一个班，三十余人；高小甲、乙两个班，四十余人；初小一个班（复式），五十余人，共计学生一百二十余人，规模也不小。中国学堂教育受西方影响，相州由于地近德国占领的青岛和有"东方哈佛"之称的教会大学广文大学（该校从某种意义上是中国近代高等教育的重要策源地）所在的潍县，师法较易，教学理念也比较先进。第一届毕业生中就产生了一批旧学新知、相得益彰的知名人士，如王翔千、王仲滋、王惕一、王芩生、王鸣韶、王友冬、王植嘉、王中山、隋理堂、高实秋、郭景林、郭竹峰等。

辛亥革命期间，由于时局动荡，相州王氏私立学校停办，但一些教师（如王凤翥、王友冬）仍在家中为部分学生授课。1913 年秋，时局稍稳，王氏族人即共议恢复办学。因当时力量所限，议定裁减中学班，只恢复小学班，改校名为"相州王氏私立小学"。这所学校一直持续到 20 世纪 40 年代末（中间也有断续）。辛亥革命以来，相州王氏依旧人才辈出，毫不逊色于清代，与家族紧跟时代，及时实现教育转型有关。

（六）辛亥革命时期家族的裂变与新生

从鸦片战争以后，中国社会结构就开始发生明显的变化，而这种变化在清朝的最后十年迅速加剧。在这十年中，随着新政的开展，科举的废除，学校的勃兴，中国传统的士绅阶层解体，传统的思想结构、社会结构，也随之瓦解。这"数千年来未有之变局"，必然影响家族的发展。

诸城王氏家族成员人生道路的选择，在鸦片战争以后的变化也是巨大的。由传统的科举、捐纳到军功，再到积极创办新学，"咸与维新"，最终到参加颠覆清朝、创建共和的会党组织。在这些艰难选择的过程中，必然伴随着家族的裂变。

清末各种社会矛盾的丛杂汇集，导致了辛亥革命。而家族的裂变，也在革命的巅峰时刻达到极致。

1911年（农历辛亥）10月10日武昌起义爆发后，全国各省纷纷响应，相继宣告独立，脱离清廷。诸城王氏家族的山东同盟会员王乐平，一度参与倡导和促成了山东的独立。尽管山东独立后来受到清政府的破坏和镇压，被迫取消，但山东同盟会员仍然不屈不挠，相继发动了登州（蓬莱）、黄县、文登、荣成、青州、即墨、高密、诸城等地的起义，促成了烟台山东军政府的建立。山东的独立及各地起义，动摇了清政府的腐朽统治，在辛亥革命史上写下了光辉篇章。

据亲历诸城辛亥独立的孟方陆所撰《诸城辛亥独立始末记》，在革命军到达诸城之前，诸城城内同盟会成员即以农林学校为中心，吸收县立高等小学和东武公学等校学生成立学生团（歃血团、敢死队），"举隋理堂、王凤翥、臧著信为团长（监督）"，诸城王姓中的王秀南为其中成员。

1912年1月31日（辛亥腊月十三日），由许卓林集合驻胶济铁路丈岭车站的陆军哨官刘懋德率领部队数百人，随从邓天乙、王麟阁、王以成（王箫九、王肖九、丁肇中外祖父）等人臂缠白布、手持土枪，占领城北五里堡。次日，诸城县知县吴勋闻知革命军入境，即令驻诸城巡防营前往应战。由于臧汉臣、王凤翥等人斡旋、接应，使守城清军开往五里堡的计划被打破。巡防营撤走，吴勋避入德国教堂，革命军于2月2日（辛亥腊月十五日）拂晓进入城内。

2月3日（辛亥腊月十六日）诸城宣布独立，成立山东军政分府、临时政府，组织临时议会，设团防、警察，诸城王氏积极参加新政府的筹建。王凤翥任临时议会议长和临时政府的副民政长，古琴家王心源担任谍报、临时议会议员。

2月11日，清兵攻陷诸城，捕杀的革命党人共有三百多名，其中就有王意坚的嗣父王鸣韶。丁惟汾《山东革命党史稿》先烈传下，有其传记：

> 王鸣韶，字契轩，诸城县北乡相州镇人。生而颖异，七岁受书，所业冠诸童，旁及围棋、算术、技艺之学，入耳心通，一见辄了。章句帖括，非其好也。少失怙，事母以孝称。及长，刻意求学，肄业于高密工业学堂，试辄优等。辛亥春，加入同盟会。九月，山东独立，以应武汉，鸣韶闻之色喜，即剪发归里，理装欲赴济，格于母命不果行。乃密约同志，组织勇军，开成立会于九台庄，登台誓众，悲壮淋漓，听者泣下。值大雪飞腾，与同志李珂臣等，冒雪徒行，至会所，散会，夜已将阑，雪深没骼，朔风惨栗，无可栖宿，复冒风雪而去。诸城光复，加入学生军，以公务出城，奔走风雪间，便道归省，闻敌军乘夜袭城已合围矣，念城内秩序尚未恢复，守具未备，遂于二月十日背家人，间行入城，冀图挽救，至则城门已阖，守者乘障，势已岌危，缒城而入，共筹抵御。次日城破被执，骂不绝口，敌兵以铁约其手，鞭其背，驱至东门外城濠上杀之。年二十六岁。

诸城王氏中也不乏对新思潮和革命持反对态度甚至坚决抵制的顽固分子。传播新思想的王翔千曾被族内一些人称为"六乔"（王翔千行第六，"乔"即"乔巴"，诸城方言称神智不全者为"乔巴"），从某方面表现了顽固分子对新思想、新派人物的敌视和诋毁。而在诸城独立之役的生死搏斗中，诸城王氏中也有为清政府做走狗的。如王莲塘之子王少龄，不仅抵制革命，在清兵攻入诸城后，他竟然为他们带路捕杀革命党，"曾绑送臧汉臣被防营剖腹挖心"。

当然，在清末的家族裂变中，诸城王氏中上层人员，大多选择了顺应时代潮流，向左转，向前看，在某些方面甚至领风气之先。这也是诸城王氏在辛亥以后的影响毫不逊色于清代的原因。

（七）山东新文化运动"第一家族"

从清末开始，诸城王氏对新式教育表现积极。除了家族创办新式的私立学校外，家族子弟也到济南、北京、天津等大城市高等学府求学。当新文化运动风起云涌之际，受过新式教育熏陶的诸城王氏家族成员，也成了其中的弄潮儿。参与人员众多，影响巨大，堪称山东新文化运动第一家族。

　　研究山东新文化运动和现代政党活动，都会涉及五四时期济南的"齐鲁通讯社"（后名齐鲁书社）。它是老同盟会员、国民党元老、山东省议会议员、相州王第十六世王乐平于1919年夏，约集一部分进步知识分子在济南省府前街90号创办的，是当时山东进步知识分子活动的中心。通讯社附设售书部，与北京、上海、广州等地的进步团体建立了密切的联系，经销全国各地出版发行的进步书刊，如《新青年》、《每周评论》、《新潮》、《曙光》、《俄国革命史》等。1919年12月28日的《晨报》曾以《山东的文化运动》为题作声援报道：

　　　　自从五四运动以后，国民心理感受新思潮的冲动，渐渐有点觉悟。就是沉闷的山东，也是如梦初醒。不过在旧空气里边闭塞已久，总脱不了迷离惝恍的样子。这时要教他彻底的觉悟，除非仰仗一种提醒的器具不为功。济南的报纸虽说是有十几家，却都因在监视状态中，奄奄无生气。就拿中美合办的《大民主报》说，不受官厅束缚，总可以畅所欲言了。不过他们除排日政策以外，毫无价值之可言。周刊、月报更是丝毫未有。所以山东人总算受尽不见不闻的苦痛。但今夏间，王者塾曾约些同志在济南组织了个齐鲁通讯社，一方作通讯事业传达到外边去，一方卖各地新出版物，为介绍新思潮改良社会的先声。直到现在各种杂志的销路一天推广起一天，志同道合的人渐渐多了。谁知官府里得到这种消息，就变尽方法取缔。对于《建设》和《解放与改造》两种杂志已下了查禁命令。各校的校长更是慌起来了，怕学生中了新文化的毒，于自己饭碗有碍，遂召集了一个会议，商量对待的方法……种种谬说不一而足。但这几个主张新思潮的人，却都不为所动，仍然努力的向前作去。并且预备着欢迎蔡孑民先生和杜威博士到山东去开几天讲演会，好破除他们的迷妄见识，去改造社会。这总算是山东前途的绝大希望。记者也抱有无穷乐观，从此开出一条光明大道来，好教大家向前走去！

文中的"王者塾"为王乐平本名。齐鲁书社不仅是山东新文化运动的播火机，还是进步政治团体活动的中心舞台，甚至是五四时期学生运动的发动和指挥机关。书社流通的一些宣传妇女解放、婚姻自由、反对旧伦理道德的作品，对当时省立一师女生非常有吸引力，其中就有王乐平的族妹、山东第一个女共产党员的王辩，还有解放后曾任济南女子师范学校校长的隋灵璧。当时任一师校长的音韵学家周干庭先生是旧派，反对妇女解放，禁止学生接触新思想，严禁女学生与男学生接触，收缴进步书刊，甚至要检查学生是否是处女，引发学界愤怒。王乐平先生支持学生成功驱周，并为该校聘请一位刚从北京高等师范学校毕业、积极参加新文化运动的李兰斋担任了校长。北京五四运动活跃分子范予遂 1921 年任山东省立一中教务主任，也是由王乐平推荐。范予遂是王乐平内弟。

中国共产党的成立，与齐鲁书社也有重要关系。齐鲁书社本来就是新文化运动中济南传播马克思主义的重要阵地，王乐平与新文化运动旗手、《新青年》创办者陈独秀联系密切。1920 年夏，上海共产主义小组建立，推陈独秀担任书记，函约各地社会主义分子组织支部，"陈独秀函约李大钊在北平组织，王乐平在济南组织"。王乐平接到陈独秀相约建党的信，因自己已在国民党，把信交给清末在北京译学馆学德文时就已接触马克思原典的族叔王翔千等人，以齐鲁书社为基地，联络进步学生王尽美、邓恩铭、王象午及印刷工人王复元等，发起筹建济南共产主义小组，齐鲁书社也由此而成为山东早期党组织——济南共产主义小组的活动场所之一。王翔千是其中辈分资历最高的，且能为小组成员筹措活动经费，王翔千之侄，五四时期曾在济南参加进步活动的王意坚，在回忆录《姜贵自传》等著作中称其六伯父王翔千是"山东共党之父"，应该是有根据的。

1922 年春，王乐平从莫斯科参加共产国际召开的远东各国共产党及民族革命团体第一次代表大会（参加该会山东籍代表四人，诸城相州王氏两人，即王乐平及其族叔王象午）回国，在上海向孙中山汇报赴俄开会考察的情况，返回济南后，即召集山东的国民党员开会商讨，正式成立山东平民学会，王乐平任会长，设在齐鲁书社内，并创办《十日》旬刊，王子壮任主编，编辑部也设在齐鲁书社内。《十日》是国共两党共同的舆论阵地，王尽美、邓恩铭曾为《十日》撰写反映工运和揭露军阀罪恶的文章。

诸城王氏也是山东另一大城市青岛的新文化运动的开拓者。国共合作初期的山东平民学会青岛分会及其活动中心胶澳中学（青岛一中前身），王乐平都是重要创立者，毕业于北京师范大学的王笑房（王乐平族弟）曾任该校校长，相州王氏的王志坚、王意坚、王统照等先后在该校担任管理和教学工作。该校也被称为青岛现代文学的发祥地。

在新文化运动中成长起来的诸城相州王氏两位作家王统照、王意坚，把自己家族"先进分子"在新文化运动中的活动，艺术性地再现于长篇小说《春花》和《旋风》中。这两部作品不仅在现代文学史上有独特地位，对研究山东现代革命史、党史、文化史，也有重要参考价值。

作为"老实王家"子弟，虽然参加新文化运动的人员很

王统照《春花》书影

多，但一般没有"狂飙突进"的极端。如王翔千从孔教儒生
转变为马克思主义者，但并没有反戈一击，打倒孔家店，而
是将二者贯通。《大学》"苟日新，又日新，日日新"所体现
的变革思想，《礼运》所展现的"天下为公"远景，与马克
思主义并非水火不相容。王统照在《春花》中让以王翔千为
原型的飞轩背了《大学》，王意坚在《旋风》中让以王翔千
为原型的方翔千背了《礼运》。王统照小说中甚至反思了新
文化运动中的浮躁、激进、混乱，而引用明代理学家薛瑄
《读书记》里"自家一个身心尚不能整理，论甚政治"，训诫
即将进入大革命惊涛骇浪、腥风血雨中的青年。

（八）大革命洪流中的升沉

王统照《春花》第六节写"黎明协会"（即五四时期济
南的"励新学会"）在"书报流通处"（即王乐平的齐鲁书社）
举行的一次"最激烈也是最后的对于政治主张上的辩论"。
轮值担任主持的巽甫（原型为王乐平族叔王象午）在即将散
会时作总结发言："没有争论见不出真理。纵然我们所主张
未必全对，能经过这次热烈的辩论，各人心里清楚得多了。
往东走，往西走，都可随便。好在我们都是为的未来的新中

国；走哪条路不要紧，只要有信心便走着瞧。还得说一句，不怕论起理来脸红脖颈粗，我们可是朋友！谁也忘不了我们这个学会的历史！"学会中感伤派的宋义修（原型为赵震寰）说："未来的道路也许把朋友的私交割断了！"学会中极端派老佟（原型为邓恩铭）则说："在这个急变的时代，如果为了主张的分野，'私交'算不了重大的事！"在不久以后的大革命中，曾在齐鲁书社同堂论道的"励新学会"成员，由于政治选择的不同，有些人确实成了你死我活的敌人。

第一次国共合作期间，齐鲁书社成为山东地区国共两党合作共事的场所。许多山东有志青年由王乐平介绍，经青岛、上海前往广州，投考黄埔军校。这些人中有"黄埔三李"（李仙洲、李延年、李玉堂），也有王乐平的同族王叔铭、王镜堂等。即使1925年底齐鲁书社被军阀张宗昌查封以后，山东青年这条奔向光明的道路，仍然延续着。曾由青岛南下的朱道南创作的回忆录式小说《在大革命洪流中》（电影《大浪淘沙》所据，部分外景在济南拍摄），就反映了当时的一些情况。小说所说的"霞飞路上的一家旅馆"，就靠近王乐平在上海的寓所。

大革命的高潮是打倒军阀的北伐战争。诸城王氏家族成员对这场战争是热烈拥护并积极参与的。王统照堂侄王志坚，北伐初起时，他在青岛胶澳中学管理财务，一接到在响应北伐的冯玉祥国民军任团长的同学赵挥麈书信相招，立刻"不俟终日"，整装上路。

在辛亥革命和新文化运动中作出重要贡献的王乐平，在北伐战争中也运筹帷幄，功勋卓著。据贾逸君《民国人物传》"王乐平传"："北伐军过衡阳，奉大本营委派为特别军事委员主任，合江北数省之警备队、民团、红枪会、土匪、降军，均在工作范围以内，进行极困难，而应付合式，算无遗策，尤为困难。王奋其锐敏之眼光，灵活之手腕，毅然大军前进，秘密至汉口布置，奚叶机宜，虽老练军事家亦倾服。"汉口、汉阳被北伐军占领后，吴佩孚集精锐坚守城坚池深、地势险要的武昌，第四军主力与第八军一部转战城下四十余日，伤亡惨重，久攻不下。王乐平侦知守卫武昌的吴部第三师参谋长兼团长贺对廷是山东临朐人，以同乡长者身份写信劝其反正，贺对廷于1926年10月10日，执王乐平书信，开武昌西门向国民革命军投诚。武昌被革命军占领，标志着北伐在两湖战场取得决定性的胜利。

随着北伐的节节胜利，内部权力之争也日益尖锐。王乐平竟然被一些国民党左派和共产党指为"蒋介石的走狗"而被迫离开武汉。当蒋介石发动"四一二"政变，对共产党大开杀戒，甚至冯玉祥部也"分共"时，道德上追求完美主义的王志坚受不了刺激，出家当和尚去了。

　　黄埔一期出身的王叔铭由于在苏联学习航空，没有参加北伐。1931 年"九一八"事变前夕，他抱着"航空救国"之愿，驾机自苏联返回祖国，成为中国空军的重要缔造者，在抗战中驾机出击两百余次，作战勇猛，被称为"王老虎"，为民族立下了卓著功勋。空军是 20 世纪新型军种，它一产生，便对战争产生重要影响。王叔铭继承诸城王氏乱世尚武的传统而选择空军，也是与时俱进的。

三、亲近自然，崇尚艺术

（一）仕宦之外重游艺

王意坚在《姜贵自传》中说自己家族"以应举为官为事业发展的唯一路径，直到废科举，兴学校，仍然方向不变"。但明清社会管理队伍较小，王家读书者众多，科场得意者少，能进入仕途者更少，那些科场失意，或即使科场得意，仍然排号候缺的士子干什么？经商在传统社会受歧视；从事自然科学研究，古代又没有这样的风尚。于是他们把主要精力放在游艺这方面。

《论语·先进》中，孔子让诸弟子各言其志，子路、冉有、公西华各自述说政治抱负，只有弦乐高手曾晳漫不经心地说："莫（暮）春者，春服既成，冠者五六人，童子六七人，浴乎沂，风乎舞雩，咏而归。" 孔子竟喟然叹息曰：

"吾与点也。"对于辙环天下，席不暇暖，"老尽平生用世心"的孔夫子，当然不满足于做逍遥派，但"达则兼济天下，穷则独善其身"，曾皙也不算异端。孔子叹息中，也有无可奈何的意味。

"人心惟危"，不能老使之空着。即使博弈，也胜于无所用心，何况健康的文化艺术活动。更何况即使在明清时代一度被视为有妨举业、仕宦的一些文化艺术活动，在先秦儒教中，甚至是必修课。孔子曰："兴于《诗》，立于礼，成于乐。"不会作诗，不懂音乐，何以为教？

诸城王氏不得其道而行者，或得其道而行有余力者，一般不为斗鸡走狗、骄奢淫逸之行，甚至不为博弈，多热衷于文化艺术活动。诗人、作家、金石学家、古琴家之多，为诸城乃至山东各大家族之冠。这也与所谓"老实"传统，不无关系。

诸城王氏"老实"家风，对家族成员从事艺术活动也不无影响。总的看来，诸城王氏无论诗歌、小说创作，还是书法篆刻，乃至古琴艺术，内容方面重视教化，风格方面质实、平和、兼容，很少标新立异、自树旗鼓的现象。

艺术创作和鉴赏是建立在审美基础之上，而审美是一种主观性、偶然性很强的活动。偏激对于齐家治国，是魔鬼；对于哲学和历史研究，是病态；但对于艺术创作和鉴赏，却是健康的表征。美国美学家乔治·桑塔纳耶在《美感》中论及美感的非普遍性时说："假如我们不是这么博学、这么公平，我们也许更有魄力。假如我们的欣赏不是这么一般化，它也许更真实；假如我们锻炼我们的想象力达到排它的程度，它也许就具有个性。"诸城王氏文学家艺术家众多，但却没产生"金鼓抗行"、独树一帜的艺术家，未必是才力不及，与"老实"敛抑、中庸家风的影响，不无关系。由于古琴是传统特色和民族个性保持的最稳固的艺术门类，诸城王氏在这方面的成就和影响反而最大。

（二）园林与山水诗

清代诸城王氏，在县内山水形胜之地，多建有别墅。以当时属诸城的九仙山和五莲山为例，就有王沛恂之匡山、靴谷、槲林，王柯之原麓，王桂之榆林，王增杰之叩官等。他们仕宦前在此读书，去官后来此养性。留下不少佳话，为山水增色。清中叶画家、诗人高凤瀚为王柯所写《原麓山庄记》云：

　　　人世百有之乐，无如山水。不丝竹而音，不藻彩而色，不盐梅修脯茗醴薰饮而味。一仰一俯，拾而取之，有余乐矣。然非特其人，则山水之胜不出，而乐亦不极。而其人要惟贤而有力，旷逸而无竞于世者为能有之。故山水之胜与人相济而能成其乐为最难。东武侍御王公可木先生，由孝廉少年登朝，为名御史，一旦以无妄去官，哂然蝉蜕，不撄念虑，选胜买山，结庐教子，得原麓山庄者，地当五莲九仙之间，为一邑山水绝胜处，修篁古木，幽泉怪石，络绎相属，木不给赏。而所居草堂，尤居其最。堂奥而广，护以眉廊。廊壁外，延长松亘岭。公则可壁凿窗，横连如卷，每一度启，万绿森列，萦朝霞，拂熙翠，金碧之精，沁人心目。盖李小将军有遇之莫能措手者已。出庄不数武，即洞壑，岸径分垈，蜿蜒四走；水竹交荫，与天浑碧。苍雪下寒，温泉冬燠。奥如旷如，两绝人境。公时携客群游，亦或独往。往则缘沿曲折，各依方幅，剔洗爬梳，使之为坪、为屿、为梁、为坻，为磴道、为陂陀、为支矶坐具，客来游者，皆可憩息饮钓，升降盥濯，以为游节而释顿惫。又尝于村边得小阜，廉隅方正，四周如削，古松虬盘纵挐，横攫其上。公则置亭翼槛，使可凭眺，以收异境。其诸设施，类非寻常识趣所能营度。噫，丘壑之缘，兴与事偕，倘所谓贤而有力，相济而能成其乐者是耶？

其实名山秀水，不仅对疲于科场、官场争竞的士子调节精神、平息心灵风暴有益，登临之际，游目骋怀，锻炼筋骨，呼吸负离子，对他们的身体也有不少好处。还有，美丽的自然风光，还能激发他们的艺术灵感。古今艺术家常说"得山水之助"，并非虚言。而"游于艺"，也有养性怡情之效。

清代诸城王氏有诗传世者达数十人，其中流连山水之作连篇累牍。王开基的《留别白鹤楼》是诸城王氏现存最早的诗篇，即咏叹九仙山风物："疏林黄叶澹斜晖，一夜西风促客归。流水自随出山去，闲云不肯过溪飞。藤思系马横拖迳，石解留人暗挂衣。无数峰峦齐拱揖，回头那得不依依。"王沛憻为资深政客，《东武诗存》收其诗六首：《北园漫兴》（两首）、《同台雪音读昆铁舅氏观海赋》、《宴集葛仲和草堂》、《华楼仙迹》、《莲台雨霁》，几乎全是"山水诗"。很多诸城王氏成员以别墅或别墅建筑为自己诗文集命名，如王沛恂之《匡山集》、其子王枢之《小匡庐集》、王元鹿之《丛碧园诗稿》、王元成之《万揽亭诗稿》、王元荽《玉林山房诗稿》等。

在今天九仙山靴谷风景区中，有一景点名为"道光碑"，介绍说是颂美王沛恂德政碑，其实是清道光年间诸城知县王元善为相州王氏所作产权文刻石。此地本来是康熙年间王沛恂所购，道光十三年（1833）为某势家（据说是清爱堂刘氏家族成员）所占，王沛恂三世孙王俶甸不惜破产，讼赎先业，至道光二十八年（1848）方得定案。此碑被推倒断裂，文有残缺，但全文仍大致可读。笔者曾亲赴九仙山，于靴石（仙凫）下，访得此碑，披藓剔苔，尝试释之：

兵部职方司主事、乡谥孝惠先生、崇祠乡贤，名沛恂，字汝如，号书岩王公，尝为吾海邑令，善政凿凿垂荫吾邑者，吾邑之高曾，实身被之。故至今登明伦之堂，过读书之院，读其□碑遗碣，未始不低回留之。故曩者吾乡刘错山先生之莅诸也，与公后人定为世好，求公遗书，见公学行，亦深仰止。立期以公之所以治海邑者治诸。慎干谒，绝贿赂，开士课，教农桑，禁蠹体恩，勿忘欲分我海邑王公之甘□（棠）而移植王公之乡也。丁未子月，余由昌乐调署诸邑，即访公遗迹，盖仰慕其为人。诸境内多名山，其最著者名九仙山，界邑之南，苏子尝谓奇秀不减天台雁宕。山之奥处曰靴谷，亦名仙凫，即王公自吾海邑行以后，因部事累弊，执法忤上，拂衣归隐之所也。道光十三年辛巳岁饥，为有力者攫去，公之三世孙王生名俶甸者，追念先□，毅然鸣官，破产讼赎。结而复翻者已几十年，去冬始得铁案到县。余批牍至此，不禁感慨系之矣。吾人德不足以垂久远，凡身之所有，不转瞬而失，失焉而不可复有者，可胜道哉。则此一丘一壑，去公已百有余年，白云无恙，青山无恙，已经龙化，仍复珠还，亦若公之灵爽式凭也者。彼王生以一介懦寒，何堪力争，何足势敌？呵护名胜，□（王）公为有后，王公之德之昭也。昔者吾家王子猷珍重故物，不失青毡，殆其人欤？殆其人欤！其族之贤者多义□之举，惜生之不避险阻，不畏强势，血力有年，发白家落而始得，族之人坐而垂手，反龂龂焉恐不专其难，必□□易，则前日轻弃之覆辙，有必蹈耳。请于余，为之立石垂久。叙明王生之有功先人，俾其子孙世世守之可也。□（王）公之宰吾邑也，厝石之山，公尝登之；澜河之水，公尝临之。邑之人爱之慕之且欲举而归之于公不惜，曰是为□（王）公之山，王公之水，况公生长之乡，形神宄依之地，采斯钓斯，猿鹤追随，琴书供养于斯者耶？敢不亟如其请，希托笔墨，叮咛烟霞，以与我王生之云礽，永保勿替也哉！按志乘，靴谷有劈空而下之泉，曰天泉，为灏水源头。下汇为霜墨两龙潭，邑之霖雨皆自此出。倘他日为民祈祷，必当偕以访公遗躅，仰公高风，瓣香敬祝，报公之所以令吾海邑者，但吏事繁，星出星入，且恐贻前贤羞，游豫之未暇

耳。虽然，尾名片石，寄寿名山，亦未尝不心向往之
也。道光二十八年，岁在戊申，重九后五日，赐进士出
身，知诸城县事，王元善拜撰。

文中所谓"天泉"，在孙膑书院石室之西，从山壁石隙渗出，
细如琴弦，传为潮河（颢水）源头。王沛恂《匡山集》卷二
《山居》诗提及"天泉"，诗云：

> 屏迹畏城市，到山颜色舒。漱流寻洗耳，探穴问藏
> 书。雨脚云根出，烟鬟石发梳。天泉如有意，荡漾绕
> 吾庐。

到过孙膑书院（龙潭书院或靴谷书院）的游客，会发现
周围山峦多槲树，联想到《匡山集》卷一的《纪山蚕》和卷
二《还山吟》中"夜钓泽中鱼，晴收枝上茧"之句，则靴谷
不仅是王沛恂归隐后流连烟霞、形神完依之地，也是王家放
养山蚕的柞岚。

诸城王氏艺术成就中影响最深远的古琴与山水园林关系
也非常密切。王柯的原麓山庄，原为清初燕赵琴人马鲁的别
墅，而乾隆时吴越琴人张远晖道士曾住持坐落在王沛恂靴谷
的龙潭书院。"不丝竹而音"的天籁，对古琴家们肯定有所

启迪。

诸城王氏书画爱好者也不少，他们对山水风景更感兴趣。古琴大师王作桢"嗜书画，好金石，以琴诗自娱"，所擅《平沙落雁》、《流水》等曲，自能与画理相通。王棠长子王元照善画山水，刘墉有《王元照山水用渔洋山人韵》诗云："为官逸趣协沧州，落笔空山自水流。相见低眉纱帽底，可能抱膝碧溪头。一丘一壑今犹古，或隐或仙春复秋。记取琅玡家世好，台名郡望继吾州。"

（三）金石鉴赏与书法篆刻

王懿荣之子王汉章在为王维朴《大斋所藏古器物文》所作序文中，有这样一段文字：

诸城为东武旧治，秦皇刻石之琅玡台在焉。声灵文物，越数千百年而不沫于其间。诞生贤哲，毓为邦彦者代有其人。即以金石而言，夫亦孰不知有赵明诚李易安者？是皆其乡人也。故《金石录》一书，常冠乎齐鲁著作之林，为考古学者不祧之祖。吾族叔祖戟门比部公，耽心古学，夙绍旧闻，乐石吉金，视同性命。一传而有族叔甄阁中翰公，再传而为我齐民大弟，声施益张，蝉嫣弗坠，殆有似于欧阳公与叔弼者。而中翰公次配孙宜人工为毡蜡，遇物能名，以视易安居士，初无逊色。是又东武文献之休烈而吾家之佳话也。

这段话简要地介绍了王氏金石世家所以形成的历史文化环境。诸城是文物之邦，诸城金石之学源远流长。清代后期，诸城金石之学达到鼎盛，涌现了刘喜海、李仁煜、李璋煜、钟淯、尹彭寿、孟昭鸿、王森文、郑云渠、张镜芙等一大批金石名家。诸城周围临近各县，亦金石学家之堂奥。如日照许瀚、丁艮善、王献唐，胶州法伟堂、柯昌济，安丘王筠、张公制，益都李文藻、段松苓，曲阜桂馥、孔广栻，潍县陈介祺、郭裕之、赵允中、宋书升，莱阳初尚龄，利津李佐贤，掖县翟云升，海丰（无棣）吴式芬……堪称群星灿烂。他们也都从不同方面对诸城王氏金石学有所影响。

相州王氏金石学家以王锡棨、王绪祖、王维朴父子祖孙三代为著。

王锡棨，字戟门，号符斋，又号少舲，生于清道光十三年（1833），卒于同治九年（1870）。为王玮庆长子。他的金石学，从篆刻开始。《增修诸城县续志》说他"髫年即嗜篆刻"。清代齐鲁印学、碑学，皆自王斗枢乡试房师周亮工倡

王锡榮藏父乙盉

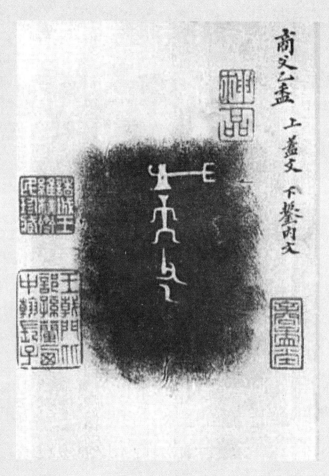

商父乙盉 上盖文 下鉴内文

王锡棨藏父乙盉拓片

王锡榮藏周大敦拓片

导。在北方各省发展较早。周亮工父子所集《赖古堂印谱》传与安丘张贞、张在辛父子，安丘张氏后来成为齐鲁印学的宗主。诸城与安丘毗邻，王氏与张氏世代姻亲，从王钺与张贞，到王统照与张公制，学术文化交流一直频繁。王锡棨的印学和八分书，可能也受安丘张氏的影响。

王锡棨访求、收藏文物，有不少奇遇。咸丰十年（1860），英法联军攻占北京，火烧圆明园，皇室珍宝有的流落到民间。当时在京为官的王锡棨偶然在市肆上发现了一件像水壶的青铜器，口沿内有铭文"父乙"字样，他认出是件商代彝器盉，为稀世珍宝，便买回家中，专门筑一室珍藏，并将自家堂号"种德堂"改为"商盉堂"。

王锡棨年未不惑即去世，寿命不永但著述很多。《增修诸城县续志·艺文考》录其著作五种：《泉货汇考》十二卷、《泉苑萃珍》四卷（《选青阁古泉存》）、《邃古阁藏古刻录》四卷、《亦佳室印集》七卷和《青箱古集》十六卷。王维朴《诸城王氏金石丛书》收王锡棨著作有《都中收买装潢法帖清册》二卷、《选青阁日记钞》三卷。此外，他还编有《选青阁藏器目》，为江标《灵鹣阁丛书》和商务印书馆《丛书集成新编》收录。

王绪祖，字兰溪，一作兰西，生于清咸丰三年（1853），卒于民国八年（1919）。光绪十一年（1885）乙酉科举人，官至内阁中书。

作为王锡棨的两个儿子之一，王绪祖继承了父亲一半的学术遗产。同时他又是王氏三代学者中最长寿的一位，一生主要精力，用之收藏和考古研究，著有《古泉谱》、《〈古泉汇〉订讹》、《句鑃斋泉选》、《续青葙古集》、《周句鑃斋印选》（王献唐辑）等近二十种。他将王锡棨之学发扬光大，并使王氏收藏，闻名海内外。

就时代来说，王绪祖是诸城最后一位古钱学大家，他不仅继承了父亲的古钱遗产，还汇总了这一地区古钱收藏和研究的成就。如诸城刘喜海（燕庭）、钟淦（丽泉），都曾是海内赫赫有名的古钱学者和收藏家，他们的藏泉身后散失，王绪祖兼收并蓄，也算物得其所。

王绪祖一生治学，最值得称道的是他对甲骨文的收藏和研究，在这方面他与其连宗兄弟王懿荣都是先觉先行者。王维朴《东武王氏香盉堂金石丛话》：

> 光绪己亥，河南洹阳武乙氏之故墟，发现龟甲文。族伯文敏公定为殷商贞卜文字，彼时先君亦收得数百枚。潍县赵执斋（允中）归来，赵君事母孝，好古录印，曾集《印揭》八册，先君为之序。嗣以国家变乱相寻，又董乡校，遂无暇研讨斯学。洎民国丙辰，避地来

津，与侨居日本上虞罗丈，借邮筒商榷旧学，乃整理旧藏，购致新出，集万余枚，选拓成《殷墟书契菁英》一书，已经黄毅侯农部录入《金石书目》中矣。

王维朴（1897—1931），字齐民，王绪祖长子。曾入南开中学学习，与周恩来同学，后留学美国（有著作说他留学日本，可能受他与流寓日本的罗叔言过从甚密产生的误会，王维朴实未到过日本）。回国后见时世混乱，没有担任公职，专心整理家传金石资料，编辑订正父祖遗著。某种意义上说他是相州王氏金石学的总结者，而且他的总结不仅在金石学方面。如他曾将王应垣《南行吟稿》、王玮庆《薖塘诗集》和《沧浪诗话补注》、单为娟的《碧香阁遗稿》四种十八卷，编为《东武王氏家集》印行。他的《东武王氏香盉堂金石丛话》、《诸城王氏金石丛书提要》，不啻为两部王氏金石学史。王维朴还著有《盉斋研古录》，生前由著名国画家黄宾虹"介付国光社聚珍版印"，但目前尚未见到有人提及此书。黄宾虹曾是神州国光社的创办者之一，但由于经营亏损，在1928年后由陈铭枢盘下，20世纪30年代初又因陈铭枢反蒋被封，估计此书即使印出，不毁于淞沪战火，也湮没于国民政府的查封。

《诸城王氏金石丛书》是王维朴整理家学的宏大出版计

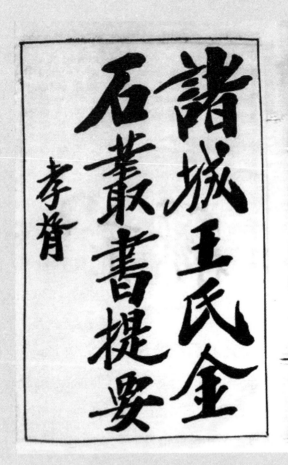

《诸城王氏金石丛书提要》书影

王维朴题跋

划，据《诸城王氏金石丛书提要》目录后题记，原计划共收
书二十种，分三集出版，共七十三卷。以下是目录：

　　《嘉荫簃古泉随笔》八卷，刘喜海著；

　　《寰宇访碑录校补》八卷，刘喜海著；

　　《金石家题跋录存》二卷，孙星衍等著，王维朴
辑录；

　　《名人题跋续录》四卷，孙星衍等著，王维朴辑录；

　　《蕉叶山房藏书画碑帖目》三卷，王玮庆著；

　　《怀古杂咏》一卷，《书画笈志》一卷，王玮庆著；

　　《王氏家藏书牍选录》三卷，李文田等著，王维朴
辑录；

　　《泉苑萃珍》四卷，王锡棨著；

　　《都中收买装潢碑帖清册》二卷，王锡棨著；

　　《选青阁日记钞》三卷，王锡棨著；

　　《寰宇访碑录补遗》一卷，《补目》一卷，王懿荣著；

　　《增订名家藏金目》四卷，王懿荣著；

　　《王氏吉金释文》一卷，王绪祖著；

　　《古泉汇补缺订讹》二卷，王绪祖著；

　　《周句鑃斋藏石全目》一卷，王绪祖著；

　　《十布秘藏之室日记钞》四卷，王绪祖著；

《金石刻跋》一卷，《泉话》一卷，王绪祖著；

《种瓜亭题识》二卷，王维朴著；

《大斋所藏古器物文》十二卷，王维朴著；

《天玺双碑馆藏金石文字录》四卷，王维朴著。

以上二十种著作中，第二、四、六、十二、十七、十八、二十都编入第三集，共七种，《诸城王氏金石丛书提要》目录在这七种著作后皆注"续出"，又据作者题记，"叙录另撰为卷"。但由于作者不久去世，所以这七本著作内容情况，不得而知。

《诸城王氏金石丛书》三集二十种，没有一种付印，并且没有一种保存下来（其中刘喜海、王懿荣著作今天虽有传本，但与王氏家藏版本不同），这不能不说是学术界的巨大损失。更不用说他还有《诸城王氏金石丛书》之后庞大的整理、研究计划。究其原因，既与他劳瘁早卒，不得天年有关，也与他死后浩劫轮回的时代形势有关。自然，与他的后代不能仰承先志，克绍箕裘，也脱不了干系。

相州王氏除王锡棨、王绪祖、王维朴外，一般的金石爱好者、收藏者还有很多——也正是由于这样的家族文化环境，才产生了王锡棨等名闻天下的金石名家。下面将有文献可征者，以世次先后分别介绍。

第九世王枢，字圣木，号缄斋，王钺孙，王沛思子，《东武诗存》说他"鉴别法书名画古鼎彝尊罍，真赝无所失。著有《汲古随笔》若干卷藏于家"。

第十世金石爱好者可考者有王元默。元默字声四，附监生，为王枢第四子，有《清远楼稿行世》。王元默是安丘理学家李漋的学生，其"清远楼"在原诸城县城东南隅，楼名为李漋所题。李漋《质庵文集》卷二有《清远楼记》一文，说"元默守其先世之遗，上自六艺百家史氏之载籍，以及山经地志，方言杂说，瑰奇诡异之文章，无不具。秦汉以来金石镌刻与他玩好之物，有世所不能有，即有之而未备者"。

第十二世中有王钟吉、王玮庆。王钟吉，字蔼人，王衍福子，嘉庆六年（1801）举进士，改翰林院庶吉士，授编修，国史馆、实录馆纂修官、乙丑会试同考官。官至河南开封知府、南汝光道。"著有《制艺存草》、《绿竹轩诗钞》、《金石录》行世"。清代著名书法家何绍基之父、道光时户部尚书何凌汉出王钟吉门下。王钟吉卒，何凌汉亲写祭文，令其子何绍基用正楷字抄写。该祭文共分两册，今存诸城市博物馆。何凌汉、何绍基父子酷嗜金石，在这方面，王钟吉与他们是同调。

王锡棨之父王玮庆，是一个典型的金石爱好者。他留下的所谓金石学著作《蕉叶山房书画碑帖目》三卷，其实原为

府尹事務受

業何淩漢謹

以牲醴庶羞

致祭於誥授

中憲大夫前

開封府知府

加道銜述巖

王老夫子大

何绍基代父书祭王钟吉文

一本账簿。民初王维朴编《诸城王氏金石丛书》收入此书时，有些条目曾加按语，其提要云："目一册，曾王父手录以备遗忘之需。白摺纸巾箱簿，都三十二页，每页二十六行，以行草书之。首记存书目次，次碑帖目次，次书画目……并非撰述，不过簿目之设，故标志极简，不易窥测。然自道光以迄今日，时经百载，彼时簿中所记，今为朴世守者，尚有十之一二。姑就原记等第校之，无不相合，今择录副帙，刊入丛书。其为朴所经眼者，则略加按语，以求详备。存置家塾，留示来叶。至公之政绩事实，悉具于国史、县志，生平诗文游踪，备载全集、年谱，如此袖珍小册，虽只志文艺余事，固可与上列各书附丽以行，亦足见公之嗜好所在，为子孙式也。"

第十三世与王锡棨同辈的有王景祺。《续诸城县志》卷十七《文苑》说王锡蒂"从弟景祺，字伯寿，岁贡。工书好为古文词，能辨秦汉以来金石文字"。

第十四世王希祖，字念廷，王锡棨长子、王绪祖胞兄，官至县令。王锡棨去世后，收藏遗著，一半归他。如王锡棨《泉苑萃珍》，原稿归王希祖，王绪祖从他处录副。据王维朴为《王氏家藏书牍》所作题跋，"其在世父处之四之二，传袭已三世，又复迭经丧乱，久归散佚，不可问矣"。王希祖著有《古泉备考》二卷、《平安室印存》四卷等八种，也多失传。

王氏第十五世、生于清末的王统照先生也好金石。《剑啸庐诗草》有《琅琊台秦碑》七言歌行一首，高古奇丽，在其诗集中不多见，在一定程度上也表现了他的金石学素养。

清代山东书画大典《桑梓之遗》，收入了诸城王氏王镇、王钺、王沛恩、王沛憻、王沛恂、王楷等多人作品。此书主要成于王沛恂女婿即墨郭廷翕之手（王沛恂《匡山集》即由郭书写刻版），其前之胶州高凤翰，其后之潍县陈介锡，与诸城王氏也是非亲即故。

陈介锡所编《桑梓之遗录文》卷一收王沛恂《答邑侯罗公札》，不见《匡山集》，可能因其中愤世嫉俗，烟霞痼疾过于严重：

> 恂尝谓人生在世，虽为了晓事的人，彼情乖背理者，若蝇之集于秽，相争相嚷，盖不自知其臭也。我欲其不即于臭，强以制之，而转以为苦，则愤怨生而凌犯作，当之者势必肝火大炽，不独劳神，且可伤生。坐是避居于山，清泉白石，凭眺坐卧，可以蠲忧，可以却疾。回视尘缘，真是愁城苦海。脱离一刻，即快活一刻。难为门外人道也。

《桑梓之遗》所收清人作品，主要是清中叶以前。相对而言，清代后期和民国时期王氏书画家更多，水平也更可观。特别是王锡棨、王绪祖、王希祖、王维朴祖孙三代，帖学之外，还取法碑铭，诸体皆能，并兼擅篆刻。

（四）王氏古琴世家

詹澄秋《琅玡王心葵先生略传》云："鲁省为礼乐之邦，琴学之盛，首推东武。"诸城派（琅玡派）古琴在晚清浮出水面，迅速成为齐鲁乃至北方琴系的领袖。民国初年其代表人物王露、王宾鲁分别由章炳麟、康有为荐引，以其卓越实力主盟南北二京，使诸城琴派影响空前扩大，并在后来所谓古乐复兴和中华国乐走向现代、走向世界的过程中，担当了重要角色。

叶明媚在其《古琴音乐艺术》中说："古琴主要为知识分子所弹奏的乐器，所以其音乐是在一高度文化架构的背景下产生的。"与此同理，我们也可以这样说，古琴流派一般产生于文化高度发达的环境中。事实上也正是如此。自晋永嘉南渡，文化中心南移，江浙地区，渐成人文渊薮，中国古琴文化，也便以这一地区最为发达。历史上一些重要琴派如

浙派、虞山派（亦称常熟派）、金陵派、广陵派等，都产生
吴越地区。这些流派对诸城古琴都曾产生过影响。

　　孕育诸城琴派的齐鲁故国，为中华文明木本水源之地。
中华文明晨曦微露的大汶口、龙山文化时期，先民就在这一
带创造了辉煌灿烂的黑陶文明，也留下了丰富的音乐文化遗
产。从大汶口文化时期的陶文，到古诸国的青铜器，都常见
一种"◇"形符号，考古学家王树明等以为此符号源于一种
吹奏器物，通转为风，即为太昊或者虞舜的徽号，为"舜生
诸冯（今诸城、莒县交界处）"和"太昊风姓"找到了强有
力的物证，而生于诸冯的虞舜最早创制五弦琴，歌《南风》
的音乐大师——诸城古琴家也常拿舜生诸冯说事。诸城市博
物馆藏有 20 世纪 70 年代境内出土的战国时期编钟、编镈各
一套，从铭文上看，为舜帝后裔田齐贵族公孙潮子之故物，
其音质之优美，音域之宽广，令当代音乐家们赞叹。

　　先秦两汉之际，山东圣贤接迹，百家腾跃；为儒林之渊
薮，经师之堂奥。其中诸城一度为全国《易》学中心，后世
以《易》学名家者仍大有其人。《易》理通于乐理，诸城古
琴家多通《易》学，甚至诸城派琴谱中就有《读易》、《参同
契》等曲目。

　　明清时期，诸城一带音乐文化空前繁荣。不仅本地有大
量古琴爱好者，乔寓诸城（明清属诸城的九仙、五莲诸山为

南北文人荟萃之处）善操缦者亦复不少，见诸记载的有雄县遗民马鲁，苏州道士张远晖，浙江画家丁纪彪，青州衡王府后裔朱宸元等多人，而诸城古琴家也足迹遍中国，寻访名家请益（王露甚至留学日本，学贯东西）。运会攒簇，诸城琴派终于横空出世。

在诸城琴派形成和传播过程中，诸城相州王氏文化世家涌现出的几位古琴家王溥长、王作桢、王熙麟、王凤襄等，有纲领作用。

王溥长（1807—1886），字既甫，是诸城古琴奠基者之一。据道光年间王增杰主修的《相州王氏族谱》，自相州王氏始迁祖开始到王溥长，共传十三世，其直系祖先依次是王庠——王隆——王绩——王允升——王恢基——王镆——王沛憕——王楷——王元爔——王纶陛——王式钰。乾隆《诸城县志》说："县中诸王，仕宦以允升后为著。"至王溥长这一代，仕宦的势头稍杀，但文化素养仍然很高。

相州王氏，本聚居相州，但入清以后，人口急剧膨胀，特别是江南左布政使王镆之后，子孙尤其旺盛。其孙王棨，光儿子就生了十七个，不得不析居各地。王溥长之父王式钰（字谦和），自相州移居诸城后营（在沧湾之南今诸城市图书馆附近）。

据詹澂秋《虞山学派山东琴学之系统》，王溥长曾随王式钰到贵州，接触川派名家："琅玡王先生名式钰，东武旧族，仕于贵州。广交游，招名士宴饮以时，客有善琴者，自秘其名，妙指希声，冠绝一世。王公询知为虞山学派，遂安车蒲轮延请署中，命其子普长字既甫执弟子礼，朝夕请益，三载而琴学已成。既甫继承庭训，而以琴学世其家。令誉闻于邻封，师事者较众。"

王作桢（1842—1921），字心源，以字行。他是诸城古琴承先启后的人物。他少年学琴之时，恰当前辈王溥长、王冷泉琴艺进入化境；当19世纪后期两前辈去世，王露、王宾鲁尚在年幼，他是当之无愧琴界权威。他奖掖诱导后进学琴，并大量斫琴，为诸城派的形成奠定了坚实的基础。关于王作桢的师承，张育瑾《山东诸城古琴》说他"从小就跟他父亲王既甫学琴，对瑟和琵琶也曾下过工夫"，但没提与王雩门的关系，这与很多人研究王宾鲁而不提他与王作桢的关系一样，涉及琴人恩怨和门户标榜等很多原因。

有研究者说："王心源从父学琴逐步继承了虞山派的全部技巧后，又不断跟王冷泉学习金陵派的某些特点加以融会，并通过长期的艺术实践，创立了山东诸城琴派特有的风格。"虽然有些悬拟——诸城派亲人都善于博采众长，并不仅有虞山派、金陵派两个源头，但并非全无根据。詹智濬先生《琅玡王心葵先生略传》说王心源曾"携冷泉王先生金陵

《龙吟馆琴谱》抄本书影

《梅庵琴谱》书影

名操三十谱与之"，不管数字是否准确，此事是可能的。王
作桢、王雩门两家曲目、立调体系、主要风格相近处很多，
也证明了这一点。

关于王熙麟，其女婿张育瑾《山东诸城古琴》一文中这
样介绍：

王熙麟（秀南），1879—1952 年，12 岁时就跟他父
亲王心源学琴，继承了王心源先生的精于吟、猱、进、
复，清微圆润的特点。他会弹奏的曲子有《秋风词》、
《良宵引》、《秋江夜泊》、《长门怨》、《春闺怨》、《平沙
落雁》、《石上流泉》、《捣衣》、《流水》、《阳关三叠》、《读
易》、《参同契》、《搔首问天》、《墨子悲丝》、《普庵咒》、
《秋塞吟》等十六个曲子，其中以《长门怨》、《石上流
泉》、《秋江夜泊》、《捣衣》、《搔首问天》、《普庵咒》、《流
水》等曲子弹奏最精。王心源先生在教琴时对他的要求
比较严格，本人在练习上下工夫很大，经常晚上熄灯练
习，按音十分准确，在吟、猱指法上特别精炼，在风格
上、节奏上，完全继承了王心源先生的弹奏。1952 年 2
月 8 日在青岛患肝疾病故。

需要补充的是，在辛亥革命期间，王熙麟和他父亲一

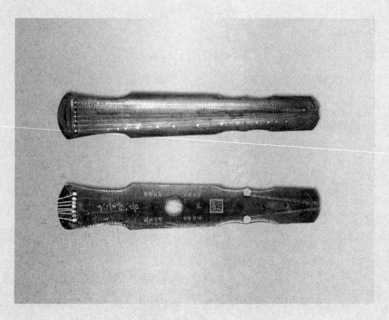

曾经王氏收藏的"太古遗音"古琴

样激进，曾参加"歃血团"，并被捕入狱。他早年的革命豪情，不可能不影响其琴风。但张育瑾（1914—1981）亲炙王熙麟时，他已经绚烂归于平淡。查阜西对王秀南的评论，受张育瑾的影响："秀南最守家学，燕卿、心葵均有变。秀南则不仅守家学且长住诸城以琴传家云。心葵子筱润亦自秀南受业。"王熙麟的弟子可考者有王凤襄（女儿）、张育瑾（女婿）、王筱润（王露子）、王恩荣、孟敦素、裴衣云、台文若等。其中王凤襄、张育瑾在古琴教育、琴史整理方面贡献最大。

王凤襄（1913—1994），王熙麟女，张育瑾夫人，"中华民族解放先锋队"成员。她是诸城相州王氏家族唯一女性古琴家。幼年时，犹及见祖父王作桢，并传有祖父亲手斫制的"百衲琴"。后长期随父学琴，民国年间在青岛"理琴斋补习学校"，曾替父授课。与父亲得意门徒张育瑾结合后，互为师友，并合作整理古琴遗产，教授门徒。为诸城古琴存亡继绝，作出了重要贡献。

除上面介绍的几位，诸城相州王氏喜爱音乐、古琴有文献可考的还有数人。其一是王玮庆妻单为娟，民国《高密县志》卷十四《人物传·闺秀》说她"善记悟，通琴理"。她去世后，王玮庆有一首《对琴歌》，就是怀念单为娟的："绿绮五琴弦，泠然静人心。胡为一弦绝，凌乱不成音。敬伯下深幕，终宵泪清涔。谁化烟与雾，清曲投我襟。拂尘挂壁上，金徽光沉沉。"单为娟之弟单为璁《奉萱草堂诗抄》有《卖琴》七绝一首："枯木朱丝阅古今，平沙一曲久消沉。近来始信谋生拙，典尽鹤裘又卖琴。"单为娟之"琴理"可能受自娘家。王溥长外祖父也是高密单氏，诸城王氏古琴与高密单氏交流，完全可能。

其二是王统照的嗣祖父王锡荣（字华卿）。王统照《清诰封宜人显妣李太君行述》说："盖先嗣王父生平嗜释道，耽音乐，置家事于不问，且性好施予。"而王锡荣的祖父、乾隆壬子（1792）举人王宸（字枫衣）的老师，是清代中叶公复学派的创始人韩梦周。《东武诗存》录其送韩梦周还乡的《促促行送理堂夫子旋里》。韩梦周也善古琴，《理堂诗集》卷一有《琴歌送别》。

再就是王统照的生父王秉慈（字季航）。王统照民国初年将王秉慈杂著《邻翁丛谭》付刻，在《后记》中说："先考嗜音律，习绘事，虽为事限不能专精，而丝竹丹青咸具规模。"所谓"丝竹"，应包含弦乐乐器古琴。古琴大师王露与王统照为忘年交。王统照在《吊王心葵先生》中说王露有一"精致的琵琶"，留在他的寓舍。王统照父、祖作为音乐爱好者，也与王作桢、王露等有交往。

四、裙钗风采，不让须眉

（一）女性在王氏家族中的重要地位

《周易·序卦传·下》："有天地然后有万物，有万物然后有男女，有男女然后有夫妇，有夫妇然后有父子，有父子然后有君臣，有君臣然后有上下，有上下然后礼义有所错。"男女关系是人类最基本的关系，在人类由野蛮走向文明的历史上，夫妇之道的形成、家庭的产生是重要的一环。儒家经典，《易》基《乾》、《坤》，《诗》始《关雎》，《书》美厘降，《礼》本《昏义》，《春秋》讥不亲迎，表现了对男女夫妇"人之大伦"的重视。杨万里《诚斋易传·家人》："正莫易于天下，而莫难于一家。莫易于一家之父子兄弟，而莫难于一妇。一妇正，一家正；一家正，天下定矣。"吕坤《呻吟语·伦理》："闺门中少了个礼字，便自天翻地覆，百祸千殃，身亡家破，皆从此起。"虽然有歧视女性的倾向，但也说明男女夫妇之际，关系非小。

与人类漫长的母系社会相比，男权社会的历史，其实非常短暂。儒家文化虽然产生于男权制社会，但主张阴阳中和，所以纵然男权有时骄横霸道，也不可能完全剥夺女性的权利。在封建社会，一个女子嫁入夫家，不仅是合二姓之好，奉宗祠，续香火，还必然要对夫家家风有所接受、影响，甚至给夫家家风注入娘家家风的因素。一般说来，父母对于子女的教养，母方付出的更多些，对子女的影响更大些。印度妇女教育家卡鲁纳卡兰说：教育一个男人，受教育的只是一个人；教育一个女人，受教育的是几代人。中国历史和文学中类似孟母三迁、范母教子、岳母刺字等，皆千古颂扬，而父教佳话则鲜有所闻。

自 20 世纪初新文化运动以来，提到封建社会的妇女，一般都认为她们是男权制"三从四德"、"七出之条"束缚下的被奴役者、被压迫者、玩物和牺牲品，没有任何地位，虽然确有真实的部分，但也有为妖魔化礼教而严重夸张的成分。

封建社会的文献中，有些对妇女歧视、戒惧的记载，也不可理喻。如《尚书·牧誓》载周武王数商纣之罪，首先是"听妇人言"，难道"听妇人言"比炮烙、刳腹还要恐怖？梁亿《遵闻录》中有这样一段趣闻：

> 江浦义门郑氏门前卓禊扁云"天下第一家"，太祖闻而恶之，命逮其家长某至京。及廷见，问曰："汝何为天下第一家也？"对曰："臣合族共爨已八九世，本府知府以为可以激劝风俗，遂为起盖牌坊而书之扁上者如此，然实非臣所敢当也。"上曰："汝家食指若干人？"曰："一千有奇。"曰："一千余人而同居共爨，世所罕有，诚天下第一家也。"遂命之出。马太后在壁后闻之，谓太祖曰："陛下初以一人举事，致有天下。今郑某家有千余人，使其举事，顾不易于我耶？"上曰："汝言亦有大理。"即命中贵人复召入，问曰："汝之合族亦有道乎？"曰："无他，但不听老婆言耳。"太祖大笑。

如果说《牧誓》中的"妇人"是妲己之类妖女邪魅，《遵闻录》中的马太后则是历史上有名的贤后。难道好坏都不要听？岂有此理！

封建社会"男尊女卑"主要是在夫妇对待关系上而言，但即使是妻子对于丈夫，也不应该无条件服从。唐代白居易做地方官时，碰到一件丈夫告妻子骂自己的官司，经讯原来妻子居丧，丈夫居然在旁边奏乐（不是哀乐），遭妻子责骂。

白居易援礼（经历三百，曲礼三千，互为制衡，不只有"嫁夫从夫"一条），夫妇贵在同心，一方有丧，另一方奏乐，有伤好合之义，严责原告。夫权再大，也大不过个理字。

妻子服从丈夫是有条件的，儿子孝顺母亲（也是"妇人"），则可以无条件。被王钺奉为"始兴公"的王祥卧冰求鲤，就是为了满足母亲一时饮食嗜好（王祥所奉之母为后母，如果是亲生，怕儿子得风湿病关节炎，也不会这样任性）。中国封建社会即将落幕时期慈禧与光绪母子的宫廷斗争（或"帝党"与"后党"的斗争），有些事至今是非难说。

明清时代，正史和方志中"列女"（贤妇、节妇、烈妇）的数量越来越大，一方面说明封建宗法礼教的不断加强，另一方面也在一定程度上彰显了妇女在家庭中地位的重要。清朝开国承家，博尔济吉特氏（孝庄皇后）"捧天浴日"，作用不小；而维持晚清百疮千孔的残局，又赖那拉氏（慈禧太后）一番惨淡经营。历代帝王对他们的祖母和母亲生尽孝敬、死尽哀荣的记载，也连篇累牍。科举世家的女性，一般都有较高的文化修养和较广的见识。家族男性疲于子曰诗云，世事人情往往隔膜，妇女在家庭生活中，不乏用武之地。

考察诸城相州王氏的历史，觉得该家族女性较之其他家族，好像更受尊重，地位也更高一些。在相州王氏的历史中，像前文提及的《清史稿》立传的王钺妻隋氏一样深明大义，不惧危难的"女汉子"数量不少，她们对家族的发展、家族文化贡献不逊于男性。隋氏的婆母周氏名不见史志，但王氏崛起与她有重要关系。据王钺《先慈太淑人行述》，周氏为胶州孟慈社附生周一鸾（字瑞宇）女。幼颖异，其父授以古今成败事及《内则》、《女史》等书，入耳不忘。"年十七，归王恢基。"与丈夫相敬如宾，并能得婆母丘氏欢心。王恢基在王允升四子中年最少，王氏家族惯例，老人一般从长房，但丘氏以周氏儿媳贤惠，四子析箸时，愿从少子。周氏孝养婆母十一年，"称新妇如一日，未尝有纤毫失言失色"。丘氏临终时，对王恢基说："若妇果大贤，王氏实后衰，振之者，其在若两男乎？"所谓"两男"，即王恢基与周氏所生的王镆、王钺，诸城王氏历史上（也是诸城历史上）第一对兄弟进士。在家庭教育方面，王钺回忆："先严督章句而外，先慈每为指画古今事迹。或近夜分，至得失之际，未尝不流连往复，比于耳提。"明清之际，王氏叠遭大故。王恢基于崇祯十三年（1640）去世，年仅45岁。人谓王氏将衰，周氏居丧之际，仍督诸子课举子业，告以"王氏兴废，诸儿勤惰所系"。崇祯壬午，清兵入山东，王钺、王镆奉母南迁，备历艰难。其间周氏"间出奇料情事，脱诸孤于厄苦"。入清，王镆、王钺先后成进士，入仕途，周氏常以古名臣诫勉二子。王镆任江南左布政使时，迎养江宁官舍，"每事必跪受教而后行，为擘画官事，具有成谟"。周氏身处富贵，而督责后辈女不废织，男不废读，"一闻诸子若孙有富贵容者，必瞿然忧曰：'而忘先业之艰难乎？且骄奢与危亡，若枹鼓之响应也。'"周氏生于明万历二十三年（1595）卒于康熙五年（1666），年七十二。她可以说是王氏家族第一位德才识兼备的贤母，其才不仅不伤其德，反而使她更宜室家。王镆对寡母的态度，也应让我们换一种眼光看待"夫死从子"。

（二）王家贤母、节妇的牺牲与贡献

自王镆、王钺相继成进士后，与王氏联姻者多世家名族，家风也大致接近。王钺诸子所娶妇，多贤能。长子王沛思妻李氏，高密县康熙丁酉（1717）举人李鏕女。王沛憻《祭嫂李孺人》："嫂性严正。其于翁姑也，能得大体。妯娌中喜见才者，不忌不较；其忠厚无能者，多方指引，以无失堂上之欢。于翁姑则为贤妇，于妯娌则为贤嫂。予尝预卜异日之克昌厥后，而为贤母也。其接待诸幼叔，敬而有礼……又能于诸叔中预辨人物，桂林一枝，昆山片玉，虽杂诸黄茅乱石，而吾嫂别其眼界，不爽毫末。呜呼，吾嫂固女中大贤也。吾王氏阃德，方且借彼仪型。果捐弃人世，长往不返乎？"

王钺次子王沛憼的继配冷氏，胶州冷家村冷启升女。王沛憼原配杨孺人，婚后无子，过继王沛恂次子王槃为嗣。杨孺人去世，续配冷孺人，生王柯。赵执信《饴山文集》卷八《例赠文林郎迈千王君暨杨冷二孺人合葬墓志并铭》述其善行：

> 孺人出胶之儒家，幼娴闺训。归君时，翁已耆，事之，大得欢心。未几，佐襄大事，门内上下无违言。君性好义，于群从及交旧挥金赠产者非一事，孺人每欣然助成之。及君身后，孺人综理内外，督率耕织，家以大起。其好义施与，无改于君之旧，焚券无算。御下尤有恩，买婢得许字者，久而知之，必呼其夫至，畀以衣饰而合焉。婢仆之母贫而病者，必收养之。里中残废者，曲为周给，不使失所。佃有负租过多者，以女来偿。孺人曰："何至是乎？"并其租免之。仆或窃君之珍玩久，反持孺人求售者，有识之，曰："故物也，"孺人诃以为误，卒予值以去。其为人所难类如是……总宪为粤西方伯，遇覃恩，舍其子而荫柯。柯闻之喜。孺人愀然曰：

"叔特以慰未亡人尔，汝将以门荫止乎?"柯愧汗谢罪。嗟乎!当势力熏心之会，而能引古义以折爱子，期之于远大，虽堂堂士大夫中，岂易有此哉?

王槃、王柯，皆由冷孺人教养成人，雍正癸卯（1723）、甲辰（1724），先后成举人。其前康熙丙申（1716），赵执信到相州访同年王沛思，其时王沛憕去世已十年，王槃、王柯拜见，赵执信与语文字，"悉已晓彻"，赵执信以为是诸伯叔父教导有方，王沛思说："不然。其母节而才，能成就之，故及此。"对于冷孺人，其节难，其才德尤难。

王钺第三子王沛憕侧室姜氏，道光《诸城县续志·列女》列为"贤母"第一人：

> 都御史王沛憕侧室姜氏，侍嫡夫人刘甚谨。刘卒，柩次火起，姜欲以身殉，火顿熄。诸女诣伯父沛思，恸曰："姜氏母即吾母矣，愿请父以为夫人。"姜泣不可。所生子本与棠，皆贵显。沛憕复以诸女意示之，姜仍不可。长茹素。后以子官受封，终身不御命服，意以是为刘求冥福也。卒年七十七。

姜氏作为侧室对嫡妻的忠心，有些难以理喻。但她表现出的对名分地位的礼让态度，却有利于家庭团结。

以上诸人，都出于清代前期相州王氏长支。其时该支之全盛，与这些贤母节妇克尽妇职、尽心维持是分不开的。

清代中后期，相州王氏三支科名仕宦，达到鼎盛。此时该支也出现了几位贤母。官至礼部侍郎、被誉为有"古大臣风"的王玮庆，德才最高、仕宦最显，也最有得于夫妇之道。

据王玮庆《先室单氏行状》、《薄斛诗话》等著作中关于单氏记载，单为娟字苣楼，号纫香。出生于清乾隆五十一年（1786）五月初九日，其父单可玉、兄单为鏓，皆为学者、诗人，传高密诗派。单为娟幼聪慧，受家学熏陶，能诗，工刺绣，善琴理。嘉庆十年（1805）十二月嫁与王玮庆为妻。相处六年，伉俪情笃，夫妇而师友。嘉庆十五年（1810）六月初二日，单为娟因病去世。王玮庆收集零金碎玉，结为《碧香阁遗稿》，付梓以传，并赋《悼亡词》四十首，载《薄唐诗集》卷二。

《薄斛诗话》云："方先室未亡之时，互相唱酬以为乐，因广购名人诗集，方欲深求其蕴，未几而花落烟销，卷帙飘零。"这说明该夫妇不仅互相唱和，还曾探讨诗学、诗史。现在看《碧香阁遗稿》中诗，如七律《偶成》："珠箔银钩委地垂，幽怀恬澹意何期。满窗竹影三更月，镇日松声一局

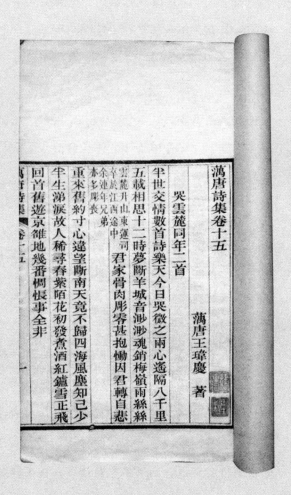

萬唐詩集卷十五

萬唐王瑋慶 著

哭雲麓同年二首

半世交情數首詩樂天今日哭微之兩心遙隔八千里

五載相思十二時夢斷羊城音渺渺魂銷梅嶺雨絲絲

重來舊約寸心違望斷南天竟不歸四海風塵知己少

半生涕淚故人稀尋春紫陌花初發煮酒紅鑪雪正飛

回首舊遊京雒地幾番惆悵事全非

君家骨肉彫零甚抱慟因君轉自悲

雲麓升山東運司辛於江西途中余連年兄弟亦多彫喪

萬唐詩集　卷十五

一

王玮庆《萬唐诗集》书影

棋。时有梦魂归故国，倦抛书卷卧重帏。昼长睡起无他事，闲立花阶自咏诗。"再如五律《即事》："新柳绕池塘，春来昼渐长。碧窗闲煮茗，小阁罢焚香。倦绣时听笛，学书每问郎。双鬟无管束，笑语过回廊。"平和婉转，绝无高密诗派的清苦瘦硬。这可能与单为娟是女性有关，也可能受王玮庆推尊王士禛神韵派诗有关。

在王玮庆诗文中，怀念单为娟的作品最情深而文明。今将《悼亡词》摘录数首于下：

兰无香气月无光，凤拆鸾离恨渺茫。欲扣九阍通帝座，招魂何处告巫阳？

红丝隔幔倩人牵，天壤王郎幸有缘。二十五弦弦太促，空将锦瑟忆华年。

天地同贞百岁心，绳床经案卧孤衾。纵然六载欢娱少，情比银河深复深。

回忆当初新结褵，红窗香暖夜谈诗。背人偷写蚕眠字，袖户帘垂每暗窥。

红梅影透碧窗虚，细语丁宁劝读书。夜半归来人未寝，炉薰紫帐暖香初。

无端小试赴青齐，怪梦频惊五夜鸡。草草归来成永诀，扶肩掩袖泪双啼。

床头喘息若抽丝，犹道心安疾渐瘳。怜我蓬松双鬓乱，低呼小婢为梳头。

人间何处觅琼浆，雪匙轻翻玉米光。臂颤神昏强坐起，一杯亲向手中尝。

牲玉何由达上苍，搴帷执手两神伤。无言自是碑衔口，气结心酸暗断肠。

今生缘尽续来生，执手同订旧日盟。德愧曾参师少府，此身终不负卿卿。

《潇舲诗话》中回忆单为娟的小品也隽永感人：

居室曰碧香阁，日与余摊书其中，香篆轻袅，花光满院。墙外垂碧柳三株，绰约自纱窗窥人。纫香有句云："绿窗纱映三株树，绣阁香薰两架书。"

尝制一诗囊，上绣并蒂莲花以赠余。余题诗云："君能解语如花样，我有情丝似藕连。"后嫌语涉轻佻，改作："雨后分红双脸润，池边不雨两心同。"

余赴乡闱，绣蟾宫折桂佩囊以寄余，劝余保重读书。所以望余者至矣。余《悼亡诗》故云："蟾宫丹桂绣囊工，争奈蓬山隔万重。对卧牛衣听报罢，文章何处哭秋风。"

夏日炎热，拣素笺剪各色花样罩窗棂间，纹之细致，胜罗纱百倍矣。余故有句云："窗棂不借团纱罩，柳色遥分满院青。"

冬大雪，搓雪作雪莲灯。琉璃四照，万点红光。恍似光明世界，涌出千叶金莲。立其间者，如坐宝华中。莱鸥岳丈故有"镂冰刻玉一层层，雪里青莲见未曾"之句。

诸城宋代赵明诚、李清照夫妇翻书赌茶，艳传千古，后继者中，王玮庆、单为娟堪称佼佼者。单为娟去世后，王玮庆没有续娶。有两妾，亦皆为贤妇。为王玮庆生了王锡棨的侧室谭氏，有理家之才，他去世后，王玮庆作《悼谭姬》诗，有"半世持家仗小星"之句。王玮庆还有一妾，因无所出，家谱不载，但《增修诸城县续志·列女》列之"贤母"第一人：

侍郎王玮庆妾刘氏，天津人。玮庆卒，故妾谭氏子锡棨方九龄，氏誓以抚孤为己任，有外侮至，以理拒之，无敢觊觎者。邑令某性贪酷，稍丰裕者，辄中以事，罄其产。适锡棨仆之戚死仆家，令阴伺之。以锡棨幼弱，诬以谋害，罗织兴大狱，要索百端。氏携锡棨走京师，依玮庆门下士以居。既而言官以赃欤劾令去。后以锡荣官封太恭人，卒年五十三。

王锡荣妻王氏，《增修诸城县续志·列女》列之"贤妇"第一人：

> 王氏，刑部郎中王锡荣妻，刑部员外郎善继女。善继卒，无子，氏事母孝。年二十，归锡荣。庶母刘在堂，氏事以姑礼。随宦京师，针黹余暇，时以文翰自娱，著有《竹香馆吟草》。锡荣嗜金石，每获异品，共评赏之……锡荣殁，欲以身殉，家人劝之，始不死。性好施与，一日出都门，遇同乡某被盗劫，归无资，慨取腕上金脱付之。旋里后，凡戚族贫乏者，必厚助其婚嫁。施药饵、制棉衣以济贫病者，一乡皆称善焉。

王锡荣妻与福山族侄王懿荣夫妇来往密切。王维朴在为《诸城王氏金石丛书序》所收入的王懿荣《寰宇访碑录补遗补目》所作提要案语中述及两家交往："至文敏族伯，幼时即时至我祖京寓。祖姑擅青囊术，每为公占否塞通达，并授公以毡蜡摹拓之技。于祖伯母黄夫人，则时常晤聚，指导女工。"

王锡棨子王绪祖妻孙婉如夫人，可能受婆母影响，也酷嗜金石。王维朴回忆："先姒婉如宜人，喜摹拓彝器铭及全形。先君赠潘文勤、盛祭酒各家拓本，皆出先生姒手。民国甲申夏，在济南金石展览会中，潍邑李寿林先生曾作《周句镭拓古图》持赠，福山汉辅兄并以长歌记之，内有句云：'宋代赵明诚，吾东为卓荦（德甫为诸城人）。内有李易安（李像现存县衙后楼），丹铅助磅礴。摩挲恣毡椎，余风犹可作。'"

清代诸城王氏最后一个贤妇，也出在三支，她就是王秉慈之妻、王统照之母李清。李清出诸城城南李氏，为清广东布政使、金石学家李璋煜之曾孙女，光禄司署正李堂之孙女，贵州布政使李肇锡之女。出生于北京，长于云贵，见闻广博。幼年时，李肇锡使之与诸兄弟共学，"即经书大义，史传事迹，亦罔不瞭然。且幼承母训，习女红，靡不精巧"。稍长，李肇锡令她应付官眷往来，甚至帮助处理案牍，李清"礼义娴熟，靡所舛误"，且具"刚决敏断才"。23岁，归王秉慈。秉慈素体弱，耽游艺，一应家事，全赖李清掌理。李清32岁时，王秉慈因痛兄长王秉忠去世，兼之寡嫂于继嗣之事，悬而不决（王秉慈已是出嗣，而王秉忠死时无子），哀痛成疾，一病不起，终年28岁，遗一子三女。从此不仅家庭多故，且逢世乱，李清以寡妇之身，抚养孤子幼女，周旋乱离，备尝艰辛，积劳成疾。最终使儿女长成，门户不坠。王统照先生的小说《一叶》（也是中国现代文学史上最早的长篇白话小说）中重要人物"生于北京，长于云贵"的嘉芷夫人，就是以李清为原型。

（三）王氏女子的为妇之道

上面说的是嫁到诸城王家为妇的女性，我们再看看诸城王氏本族女性的风采。

在历代《诸城县志》中，诸城王氏男性名人以十百计，在人物列传中为各大家族之冠。相对而言，王氏女性在"列女"中却寥寥无几，在各大家族中的比重也少一些。从《相州王氏族谱》上看，王氏女子被旌表者远远少于嫁到王家的外姓妇女。

当然，诸城王氏毕竟理学传家，而在封建社会，受理学毒害最严重的是女子。诸城王氏也有烈女。乾隆《诸城县志》卷四十六：

> 生员王沖妻王氏，父模。乾隆四年，年二十八，沖没，无子，俟含敛毕，出衣饰付姒曰："吾将死矣，以

某敛我，以某与松龄。"松龄者，其嗣子也。姒大惊，偕家人力劝，不听。乘间以腰经自经死。两院给匾表之。

也有没有死成的守节之女，同卷记王笃宗女：

> 王范妻王氏，守备笃宗女。年二十四，范没，无子，入室自经，家人救得活。姑以老泣谕，遂坚守。姑没，哀毁尽礼。先是王有前姑二人，寄葬他处，王率嗣子道凝发墓迁之，与舅合葬。乾隆九年，旌，时年六十五。

至于单纯的守节之女可能更多。民国刊本潍县《郭氏宗谱》附录有安丘李于京撰《伊方郭公继配王孺人传》，记诸城相州王氏长支第十世王元奂之女、潍县郭守经（字伊方）继配事：

> 孺人姓王氏，诸城封文林郎湖北通山县讳元奂公女也。幽闲贞静，幼通书史，雍雍然有曹大家风。及笄，适伊方公为继室。事姑舅，相夫子，礼由性生，无一不周恳到。嫡配胥孺人遗一女，方数岁，孺人抚之如己

出。乙酉科伊方公选拔成均，皆孺人佐读力也。公多疾病，起居须扶持，时如厕，偶遇雨，亟以身覆蔽之。其爱敬类如斯。夫胞弟龙符公四子，孺人嗣为己子，乳哺抚养之间，不知费几恩勤。乾隆三十九年，伊方公以疾终，孺人仓皇失措，几不欲生。特念舅姑在堂，奉事须人，乃盟心砥节，抚藐孤以度岁月。饼饵针指之事，凡精细者，舅姑皆付孺人，而一一完好，悉当亲心。乾隆四十七年三月十一日，为阿姑寿辰演剧庆贺，先一日，突以疯疾告逝。孺人哭泣在地，昏而复醒者三。犹以偓寒弱质，哀礼兼尽不缺。阿舅继殁，自含敛以及丧葬，亦复毫发无遗憾。厥后兄弟析爨，以孀妇抚孤子，内则井臼齑盐，外则延师课读，心力俱瘁。而希伋公得以芹香成名。综之，孺人生平事舅姑以孝；夫殁，以苦节三十余年。内外远近，莫不谓郭氏有孝妇，有节妇矣。潍邑同学，素仰德徽，以为有合国典，欲据实上请而旌表之。孺人闻而止之曰："此妇人分内事，何须尔尔。"后屡言之，终不允，遂止。然虽未闻于上，而不近名而名愈著，不邀誉而誉益彰，其视于闻动众者何如耶？至于仁以睦族，慈以惠下，勤以持家，俭以自奉，终身蔬食布衣无宦家气习，犹孺人之余事已。

李于京为王氏作传时，她尚健在。据《郭氏族谱》卷九，郭守经名下："配诸城县王氏，貤封孺人，貤赠安人，晋赠宜人，生于乾隆十四年四月二十二日亥时，卒于道光元年十月初十，享年七十三岁。生子二：续汾、衍汾。"郭守经是明末户部尚书郭尚友之玄孙，其子郭衍汾（字涝南），清嘉庆十二年（1747）顺天乡试举人，授翰林院待诏。《郭氏宗谱》附录有诸城王琦庆为这位表兄所作《皇清敕授登仕郎翰林院待诏赐封奉政大夫顺天府南路同知嘉庆丁卯科顺天举人涝南郭君墓志铭》。郭守经胞兄郭守忠，亦取诸城王氏为妻，并过继郭衍汾之子郭梦龄为孙。而郭梦龄为画家郭味蕖（原名郭忻）五世祖。王元焕这个女儿，有点类似前文提及的王统照之母李清，其"仁以睦族，慈以惠下，勤以持家，俭以自奉，终身蔬食布衣无宦家气习"，又类似王钺之妻隋妇人，其有造于潍县郭氏，实非鲜浅。

诸城王氏女子见于历代县志"列女"者偏少，可能有类似上面所说王元焕女儿的情况，秉承娘家老实敛抑家风，处事低调有关。再者所谓"节烈"，不仅在今天看来，有违人道，在古代也违背礼教原旨。甚至对一个家族，"节烈"的女子多了，也有人会说这家女子克夫，不能不有所忌讳。诸城王氏女子殉节者少，守寡者安，可能与双方家庭经济条件有关。古代婚姻讲究门当户对，诸城王氏既是望族，女儿的婆家一般也会说得过去，甚至更好一些。虽然丈夫去世，如果生活有保障，除了脑子问题特别大，谁还会去上吊服毒？李潆《候选知县王君端木传》，记王楷有一姑母"适安丘刘生，家中落，君馈遗交织道路间"。王沛懋之女适高密县台湾道提督学政李元直，据李元直之子李宪乔《先宜人宋太君遗事》："前母王安人家本素封，来归时侍御公尚为诸生，家穷空，安人甘之，奉舅姑极孝敬。尝罄奁资为叔姑婚嫁，不令外家知。早卒，无所出，宜人每咨嗟称述，若惟恐贤行之湮没者，其存心不忮类如此。"所谓"外家"，就是娘家。一旦王沛懋知道女儿受穷，肯定会予以接济。对于丈夫健在的女子，都能随时接济；对于守寡的本家女子，更会备极关照。其实清代朝廷并不倡导夫死殉节，康熙、雍正甚至降谕严禁。富贵官宦之家丈夫早死，依然安富尊荣，守寡也是本分，很少表彰。而平常百姓，即使表彰贞节，经济上力不从心，该改嫁还是改嫁。

清世宗在雍正六年（1728）三月壬子日颁行全国的上谕中云："朕惟世祖、圣祖临御万方，立教明伦，与人为善。而于例慎予旌表者，诚天地好生之盛心，圣人觉世之至道，视人命为至重，不可以愚昧误戕；念孝道为至弘，不可以毁伤为正……妇人从一之义，醮而不改，乃天下之正道。然烈妇难，节妇尤难。夫亡之后，妇职之当尽者更多，上有翁姑，则当代为奉养。他如修治苹蘩，经理家业，其事难以悉数，安得以一死毕其责乎？朕今特颁训谕，有司广为宣示，俾知孝子节妇，自有常经；伦常之地，皆合中庸，以毋负国家教养矜全之德。倘训谕之后，仍有不爱躯命，蹈于危亡者，朕亦不概加旌表，以成激烈轻生之习也。"嫁给郭守经的王元昶之女与王统照之母李清，都做到了"伦常之地，皆合中庸"。即使今天，我们对她们的坚韧牺牲，也应给予尊敬和肯定。

五、诸城王氏家风轶事

（一）王镆慕范仲淹为人

王镆字伯和，号朴斋，是相州王氏第一个进士。王钺《先兄方伯公行略》说他"性倜傥，好周人急"，慕宋代名臣范仲淹为人，自云"生平得若范文正公足矣"。

顺治十七年（1660），王钺由江西布政使参政升任贵州按察使。其时王镆乡、会试同年、平原人张自涵也在贵州，任安平道副使，两人他乡遇故知，交情愈厚。不久，张自涵中瘴疠去世，其妻赵夫人也染病在床，兼之丧夫之痛，奄奄一息。奴仆也或死或病，健全者无几。王镆听说后，万分悲痛。立刻派随从前往安平，先为张自涵举行葬礼，纤细皆备。事后，王镆又将赵夫人迎至贵阳，为她请医延药，安排丫鬟服侍。一个月后，赵夫人恢复健康，王镆又为她安排返乡事宜,. 自出俸禄为盘缠,并派人护送。赵夫人从贵州,间关万里,安然回到故乡平原。赵夫人回乡后,令其子作《戴德录》一书,表彰王镆笃于友情,赈穷扶厄之恩。

康熙二年（1663）,王镆以政绩卓异自贵州按察使晋江南左布政使,康熙三年以劳瘁卒于任,终年仅45岁。

由于英年早逝,王镆道德功业,难与范仲淹相提并论,但他扶危助困,急人患难,却有范氏遗风。

清道光《诸城县续志》卷十四述王镆五世侄孙王瑞金（王钺五世孙）事,与王镆有类似之处。王瑞金任绍兴府经历,一位满族将军与他交情不错,将军病卒,王瑞金亲事棺殓,走数千里送其枢回北京。治下余姚县丞卒于官,有老母以贫不得归,王瑞金以衣物质百金馈赠,同官为他义举感动,也都慷慨解囊,老人得以顺利返乡,而且有余资安度晚年。

（二）王钺与"三藩之变"

清康熙朝著名学者梁份在《张采舒砖椁志铭》中把王钺与刘献廷、万斯同等数人并列为"可为天下用"的"海内老成"、"有识之士"。王钺的老成卓识,最集中表现于他在三藩之乱初期的举措及相关论断。

康熙十二年（1673）十一月底，云南巡抚朱国治在昆明被吴三桂杀害，这标志着三藩之乱正式开始，不可逆转。其时王钺正在广东水西（今郁南）任知县。

三藩之乱，是关系清廷安危一大事变；对于王钺，也是人生一大关口。祸乱起因于尚可喜、尚之信父子矛盾，官于广东，经常出入平南王府的王钺，深悉其中原委。他记述三藩本末的《水西记略》，是研究三藩之乱的重要资料。

尚可喜有三十余子，尚之信为长子，清廷封俺答公，专擅军令，而性情乖戾，残暴跋扈，古稀衰迈的尚可喜不能制，用门客金光策，多次上疏请归老辽东，而以之信袭爵留镇。康熙方以"三藩"为大患，得此由头，于康熙十二年三月下诏允许尚可喜北归，但不允尚之信袭爵留镇。吴三桂和耿精忠于是年七月先后疏请撤兵，投石问路。此时朝中对于三藩的处置分成两派，索额图、图海等以为三藩不可动，户部尚书米思翰、兵部尚书明珠则赞成撤藩。康熙帝说："三桂等蓄谋久，不早除之，将养痈成患。今日撤亦反，不撤亦反，不若先发。"康熙遂下令三藩俱撤还山海关外。吴三桂得知后，不久就扯起反清大旗。

王钺认为，三藩中只有吴三桂一人足为国家之患。但吴三桂降清三十年，南征北战，身心俱疲，他最大的愿望是如明朝沐英，守藩云南。早在康熙六年（1667），55岁的吴三桂以目疾请解除总管云贵两行省事务，说明他肝脏已退化，估计其他器官也好不到哪里去。康熙十二年时，吴三桂已年过花甲，身体状况自然每况愈下。倘使朝廷不骤然撤藩，虚与委蛇，耐心羁縻，坐等数年，吴三桂等老毙或去世，"藩二代"们富贵纨绔，乏勇寡谋，可以随意处置。如此则天下苍生，可免一场浩劫。

从吴三桂于康熙十二年（1673）十二月起兵反清，由此至康熙十四年（1675）四月王钺引病求去，是岭南藩乱的初期。由于清廷缺乏准备，仓促应战，叛军进展迅速。康熙十二年十二月底，兵不血刃取贵州；十三年（1674）二月二十七日，广西总兵孙延龄在桂林叛清投吴部。三月，吴三桂部占领全湘；同月，福建靖南王耿精忠叛清，自称"总统天下兵马大将军"，福建巡抚刘秉正从之。台湾郑成功之子郑经，也应耿精忠之约起兵，从福建沿海的漳州、海澄（今龙海）、同安、诏安、泉州登陆，与耿精忠联合作战……

当时处在事变漩涡中心的王钺，他的一言一行，都关系自己和家族的命运，也会影响事变进程。康熙十三年王钺在西宁团练乡兵，逼退窥伺西宁的广西总兵孙延龄一部，写信阻止驻梧州的总兵班际盛撤军，坚其战守，为清朝笼络尚可喜、应对事变，争取了一些时间。当然，其中也有侥幸因素。孙延龄部未尝不可轻取西宁，正如吴三桂部可以轻易攻下梧州。他们早与尚之信暗通消息，想兵不血刃，取得全粤。

康熙十四年（1675）王钺以政绩卓异行取主事，平南王尚可喜上疏强留，面许王钺"以道府用"。王钺预料尚之信必反，毅然告病还乡，不久全粤沦陷。处在事变风暴中心的王钺，表现了超绝的智勇胆识，为后人所称道。王钺同乡好友博学鸿儒李澄中为王钺记述三藩之变的《水西记略》作题识云："西宁处大乱将起，间不容发之时，能谋国持身，不失其正，可谓伟然丈夫矣。"这个评价，较之梁份"海内老成"还要高些。

（三）王沛憻与胥吏斗法

相州王氏家族文化奠基者王钺，常常勉励家族子弟学习明代的薛暄、王守仁，将学问与事功结合起来，相得益彰。这方面做得最好的，是王钺次子王沛憻。他以举人起家，一路亨通，官至左都御史。这与他从青年时代就关注经世之学有关。其子王棠等所著《念庵府君年谱》康熙二十一年条下有这样一段文字：

> 府君二十七岁，以连科不售，昉老泉意，益自奋
> 勉。慨然曰："举子业不足学也。"自是非有用之书不接
> 于目。尝读唐马周《上太宗疏》及《陆宣公奏议》，叹
> 曰："此方是经济文字，《治安策》后罕有其匹。"手自
> 丹黄，旦夕揣摩，后服官时文移奏牍，剀切详明，率
> 原本于此。

这种学问，一般只揣摩高头讲章的八股先生们很少注意。至
于王沛憻关心时事，留意当世之务，更不同于他们闭目塞
听。本来，地方官文移奏牍，多倩师爷、书办之手，王沛憻
躬自操觚，免去了许多欺隐。王沛憻历任地方官的政绩，主
要是通过与书办等胥吏的斗争中而取得的——在清代，所谓
胥吏，实在不可等闲视之。《红楼梦》第四回"葫芦僧判断
葫芦案"以及第九十九回"守官箴恶奴同破例"是我们认识
清代吏治的两只眼睛。贾雨村奸雄，贾政道学，都被奸猾胥
吏玩弄于股掌之上，最终言听计从，如对师保，徇情枉法，
纵容犯罪。王沛憻心术既正，又精明强干，自然不会被胥吏
操纵。

福建漳州同知，是王沛憻及锋而试的首任地方官，前后

四年（1699—1703）时间，充分展示了他杰出的吏才，特别是善断疑案。

王沛恒到任不久，便平反了龙岩县一件人命大案。王沛恒在之任途中，遇到龙岩县解囚队伍，说是谋财害命的大案，业已成招。但囚徒呼号不已，似有冤情。到任后不久，受福建总督、巡抚委派，与漳州知州卫台揆覆审此案。在公牍将下之时，龙岩县令突然对王沛恒表现得特别亲热，先后馈送金币、晶章若干，都被谢却。王沛恒更加怀疑此案不确。

主持覆审此案的卫台揆，为清初宰相卫周祚之侄，秉性忠厚，没料到龙岩令敢于欺骗他，欲以原招定案上报。王沛恒力阻，对他分析此案疑窦："失主廖宜祥，非但失财，实痛其父之死于非命也。县捕黄应，获盗丘田狗，供出伙盗一十三人，现获盗六人，而赃银乃止一十三两。续忽有丘绘成抱赃出首，自称此案伙盗，而赃布又止一十五匹。虽有号记，焉足为据？且狱贵初招，丘田狗原供伙盗十三人内，并未有丘绘成名姓。无数疑窦，非于黄应、丘绘成、失主三人是问，此案终不定。"不久丘绘成突然患病暴亡，王沛恒认识到这是杀人灭口，事态严重，与卫台揆一起向督、抚汇报，并传龙岩县令会鞫此案。

最后会鞫此案，王沛恒先对廖宜祥说："汝失财是小，父仇事大，此赃果实，即骈斩此辈，以报汝父于地下。如其不实，是以无辜之人代尔仇之死，徒作冤遣，岂仁人孝子所忍为？"廖宜祥听后，涕泗交加，说："但问捕役黄应自知。"黄应色变战栗，最终吐露实情。原来龙岩知县以任满升迁，害怕因盗案不结贻误，于是用无赖丘田狗充盗首，又贿买丘绘成抱赃出首，皆非正盗正赃。

案情大白，龙岩令当然无地自容。卫台撰离座向王沛恂作揖："予夙以清白传家，几为他人误，得公为之昭雪，活此数命，受福多矣。功名细事，参处不足恤。"王沛恂回答："余守家训，奉宪命，不过欲无冤狱。非以为功名也。倘自利损人，功过不相偿。当仍作原官自行审出耳。"于是破械释囚，而将捕役黄应法办。王沛恂如此处理，总督、巡抚也非常钦佩，称赞说："王防厅不惟才识过人，且居心仁厚，功名当出我辈右。"将他留在福州值季——所谓"值季"，就是每季选一干练府佐在省会代督抚处理狱讼。

张廷玉《左都御史王公传》，述王沛恂在漳州清厘田籍，堪称是对奸猾胥吏的出奇制胜：

先是闽为郑贼割据，田籍乱，兴泉七州县民历控之官，畏其烦，吏居其货，置不理。公喟曰："使百姓有无田之赋可乎？召老猾吏数人，悉闭之狱。"命曰："丰

135

乃饮食，给乃笔札，籍苟不清，毋望复出。"仍号于众曰："隐粮者速首，免；迟，论如律。"吏皆惴惴惧罪。浃旬，事毕。于是按册稽地，按地征粮，积弊尽豁。

张廷玉文中还记载王沛恖在浙江温州知府任上一事，也与田籍、胥吏有关：温州沿海滩涂有新垦土地，瑞安县令请求清丈起科，为王沛恖阻止，他说："温民贫地瘠，虽有尺寸未垦，荒熟不常。且皇上子惠元元，蠲租贷赋，动经数百万，此一隅者，升科几何？徒启吏胥窟穴，甚非所以仰体皇仁也。请令额外已垦之田，自行首报，以免纷纭。"张廷玉将二事作了比较："公之在泉也，厘定田册，不少假，在温则不妄立议，悉以余利予民。"其实两件事还有一共同特点，那就是杜绝胥吏舞弊害民。

（四）古琴家王作桢乡谥"贞毅"

1919 年 4 月 2 日，诸城古琴派杰出代表、古琴教育家王作桢与世长辞，海内名流闻者悲恸不已，隆重举行公祭，乡谥为"贞毅先生"。商震、丁惟汾及山东省议会代表连同诸城各界人士纷纷送了挽词，汇集为《王心源先生乡谥贞毅议》。弟子王露写道:"中国大伟人,曰孙逸仙、曰黄克强、曰蔡松坡,都与君会面无从,但遥慕英风,早订同心深佩服;先生真志士,忆辛亥腊、忆癸丑秋、忆丙辰夏,皆为公亲身所历,纵屡经骇浪,一凭壮气脱阽危。"世交战友隋理堂敬送挽联为:"共和肇造推前辈,累世同盟哭故人。"诸城圣功学校也为王作桢送了一首挽歌,词曰:"人琴俱渺共歔欷,天予高年逾古稀。跨鹤西归惊噩耗,十万人家泪沾衣。"

王作桢生于清道光二十二年(1842),历咸丰、同治、光绪、宣统数朝,晚年却加入同盟会,认定世界潮流所趋,不随俗转移,始终倾向共和,"危行而言弗逊"。特别是辛亥诸城独立期间,王作桢任县议会议员、军政府谍报。他为诸城的独立,曾四处奔走,宣传鼓动,以至曾两次被抓进监狱,祸及全家。

《谥法》:"不隐无屈曰贞,强而能断曰毅。""贞毅"主要是表彰他对共和的坚信和捍卫。

"乡谥"是旧时代对德高望重的乡绅的饰终之典。王作桢在前清无科名,在民国无职位,以德艺双馨,获得广泛尊重。在他去世时,中国乡绅阶层,正经历空前蜕变,一方面,军阀混战,子弹横飞,"有枪便是草头王",使旧时代乡绅道德召力严重削弱,乡绅阶层也自觉与时俱进,崇尚强权暴力;而另一方面,新政权为了把统治机构建立到乡村,以更有效地提取管理成本和工业、国防建设的资本，必然要消除"绅权"这一梗阻，妖魔化这一阶层，所谓"有土皆豪，无绅不劣"。这也是古琴文化走向式微的时代背景。即使如此，不绝如缕的古琴界也是在清末以来西化的滔天洪流冲击下，唯一一个继续保持传统特色和民族个性的艺术门类，与此相应，中国传统重视道德规范和宗法性的特点，在古琴这个超稳定系统中，仍根深蒂固。王作桢的人品、琴品，互为表里，应属于"最后的绅士"一类，他的饰终之典，也差不多是那个时代的"广陵散"。

（五）王凤翯斡旋诸城旅济同乡会

民国五年（1916），诸城旅济同乡会在济南成立。当时相州王氏精英在泉城者很多，有省议员王乐平、王凤翯，《大东日报》主笔王静一，法政专门学校文牍王翔千，省立一中学生王统照等。在选举会长时，遇到了麻烦。在会长的人选中，最热门的是"三巨头"：丁昌燕、隋理堂、刘大同。

丁昌燕是前清诸城最后一个翰林，民国时为省议会议员，有遗老情结的旧派同乡推举他为会长。隋理堂，清末济南法政学校毕业，老同盟会员，在诸城首倡剪发辫，废缠足，辛亥诸城独立，为"敢死队"首领，后随同盟会的改组参加了中华革命党。袁世凯称帝，他积极参与反袁。受过新式教育的新派同乡，力推隋理堂任会长。刘大同自称刘统勋之后，曾主盟东三省同盟会，性气甚高，跟孙中山都敢挥其老拳。

相对这几位，相州王氏在济南的这些人辈分、资历都不够。王乐平政治上极有号召力，但辈分最低，他是少年王统照的族侄。而同乡会不是行政团体，齿序靠前是必须的。

最后是相州王氏中年事最高的王凤翯（也是王统照族侄）从中斡旋，由丁昌燕任会长，隋理堂任副会长，刘大同任名誉会长，同乡会才顺利成立，并展开活动。

在诸城旅济同乡会和后来成立的诸城旅济学生会中，诸城王氏特别活跃。从存世的《诸城旅济学生会季刊》第一号看，上面有王乐平的题词，王鸣球（王翔千）的演说词，王统照的小说、诗、赋。王翔千演说词中有"同心同德，互相搓磨"之句，而学生会的领导人之一郑在庠《敬告同乡父老》说：诸城人最大的病根就是"不和"，"你看，我们诸城人，富的和穷的不和，老的和少的不和，新的和旧的不合"。他主张"划除成见，和衷共济"。王凤翯斡旋诸大老，也是谋求"同心同德"，"和衷共济"。在后来的五四新文化运动中，诸城旅济同乡会、学生会成员，成了济南进步组织的中坚力量。

（六）王乐平一纸下武昌

"光荣北伐武昌城下，血染着我们的姓名。"这是王统照早年好友陈毅元帅作词的《新四军军歌》头两句。毫无疑问，新四军以参加北伐战争中会攻武昌的战役为荣。但查阅历史，北伐军于1926年8月30日攻克贺胜桥，兵临武昌城下。由于武昌地势险要，城坚池深，吴佩孚下令死守，孙传芳部又不时策应，国民革命军第四军主力、第八军、第十五军各一部，激战城下四十余日，伤亡惨重（只叶挺独立团阵亡就近二百人），未能得手。

当时国民党候补执行委员王乐平，被北伐军大本营任命为特别军事委员主任，随大军到达武汉，侦知守卫武昌的吴俊卿第三师参谋长兼团长贺对廷是山东临朐人，曾参加山东辛亥革命光复烟台之役和后来的讨袁护国运动，王乐平以同乡旧谊写信劝其放弃跟随吴佩孚"武力统一中国"的幻想，毅然反正。贺对廷于1926年10月10日，执王乐平书信，开武昌西门向国民革命军投诚，并策动第三师师长吴俊卿反正。武昌被革命军占领，标志着北伐在两湖战场取得决定性的胜利，武昌古城和40万居民免遭劫难，也极大减少了北伐军的损失。

武昌战役后没有几年，贺对廷、王乐平先后死于国民党
派系倾轧，他们的功绩于是也很少有人提及（攻克武昌的功
勋不怕没人认）。倒是作为北伐军总司令的蒋介石知道底细，
1930 年派特务暗杀王乐平后，说王乐平北伐战争中功勋卓
著，以个人名义赠赙金两千大洋，但被王乐平子女拒绝。

王乐平劝贺对廷反正的信，令人联想起其同族先人王钺
在吴三桂叛乱初期，写信力止总兵班际盛从梧州撤军一事，
广西总督金光祖说："王君一纸书，贤于十部从事矣。"王钺
这一封信，为清廷应对事变，赢得了一定的时间。倘若王钺
不劝止班际盛自水口退兵，叛军顺西江直扑广州，尚之信参
与反清，可能会更早一些。如此则三藩乱局，更难收拾。在
王钺记述三藩始末的《水西纪略》卷末有《李澄中识》，说
王钺于"大乱将起，间不容发之时，能谋国持身，不失其
正"，而慨叹"人不知其功"。王钺与同族后人王乐平，堪称
无独有偶。

（七）王统照爱惜粮食

萧涤非先生为《王统照怀思录》题词，用杜甫诗句："文

先妣氏李清故貴州貴西兵備道 子嘉公之第六女也 煦外

家在清中葉即以讀書貴顯聞 外高王父方赤公以進士主

政刑部游蒞外任仕至廣東布政使司護理巡撫當是時與西

人交通未久粵省故中國南方門戶民情悍而交涉繁 先外

高王父持躬清正具員固幹濟才開藩數年獎消而俗易為人

心所共嚮及鴉片交涉初啟一二闓茸吏顢頇媚外致英人

得逞狡焉思啟心 先外高王父力爭無禪知天下事不可為

而中國之亂已兆也遂掛冠歸然其積德久而存心厚惠澤浹

王统照《清诰封宜人显妣李太君行述》

章有神交有道，似君须向古人求。"在现代诸城相州王氏名人中，王统照确实最有古代士君子风范，王氏勤俭敛抑的"老实"家风，他也继承得很好。

王统照所属的养德堂一支，父辈以上，数代单传，但家道丰实。相州王氏各房本来由于子孙众多，家产分割，每况愈下，大地主成小地主，小地主成破落户，贫宗日益增多。而"养德堂"却因子孙不旺而家业不坠。王统照之母李清为金石学家李璋煜曾孙女，特别善于算筹经营；其妻孟自芳为章丘瑞蚨祥嫡派，陪嫁丰厚，也不尚奢华，这使家底更加厚实。但据王统照同时代人回忆，他日常生活甚为俭朴，王意坚《旋风》中以王统照为原型的方通三，被塑造成小气抠门的守财奴，虽然有漫画倾向，但亦有所本。王统照在《清诰封宜人显妣李太君行述》中说："吾家前稍丰裕，而照略能习勤劳，守躬以简，非先妣董教之方，安能致是？"

王统照早年丧父，靠母亲教养成人，对母亲也极尽孝心。1927年3月，李清病故，这对王统照是重大打击。按照本地的葬俗，进行了一系列的悼念活动，直到6月，才为母亲出了殡。

出殡那天，王家族长找"风水先生"查定了日子，不能提前也不能拖后。不巧，出殡前后，阴雨连连，从家门到镇北墓地三四里地，大都是土路，遇上多雨天气，泥泞不堪，行路都困难，更不用说人员众多、仪式繁杂的送葬队伍。王统照家管家面对这种情况很是着急，他想从镇东潍河推沙子铺路，但当时的运输工具很落后，是木制的独轮手推车，前后两人，后推前拉。这样的车子在泥泞的路上空着走几步，轮子就会被粘泥塞住，寸步难行，更不用说运沙子。后来管家又提出了用谷子铺路的办法，这样既现成，又体面，而且前人有施行者，还被传为佳话。于是便向王统照先生禀报了这个想法。不料，王统照先生不但不同意，还严厉地批评了管家："这是浪费！奢侈！"然后稍加思索，果断地答复："可以用麸子嘛！"管家回话："没有麸子。"王统照坚定地说："换麸子铺路，也不能用谷子！"管家只好按照王统照的提议，用王家的谷子换老百姓的麸子，铺路出了殡。

对王统照此举，李清地下有知，也会含笑赞同。不但避免了浪费，而且以谷子换麸子，对于贫寒百姓，也是一件善事。

（八）王志坚甘心"上汤锅"

民国时期，诸城一带曾把当小学教师比为"上汤锅"，这一戏称的来历颇为复杂。

自清末废科举,各地公办、私立学校纷纷建立,但条件所限,未免文武不齐,教师也分三六九等。当时社会上把大学、中学、小学教员分别比为马、骡、驴。马料好活轻,骡料好活重,驴料最坏活最重。而当时诸城东关专门培养小学教师的师范讲习所附近,有个屠驴场,驴宰了以后,肉卖掉,骨头煮在大锅里,连日不断,称之为老汤锅。农民进城,买一斤大饼,浇上两个铜子一大海碗的汤,吃个志得意满,也算"开荤"一次。如果多两个铜子,可以加几片驴肉。汤锅师傅刀工甚是了得,肉片得跟金箔一般厚。浮满海碗汤面的驴肉片,用筷子一搅,筷子变粗了些,但肉片却不见了。小学教师工作之累,待遇之薄,"汤锅"这一比喻,可谓入木三分。

前中国曲艺家协会主席陶钝在回忆录中说,他十几岁时,家族成立私立学校,自己不想上"汤锅",只好请诸城县教育科介绍教员。但陶钝的同乡好友王志坚,却心甘情愿,把一生宝贵年华贡献给了家乡小学教育。

五四运动前后,王志坚在山东省立第一师范学习,与王尽美同班、同一宿舍,且同为励新学会的积极分子。王尽美对山东乡村教育近乎绝望,他在《励新》上发表的《山东的师范教育与乡村教育》中说山东乡村教育现状"不配说不良",言及小学教师之艰苦,也有"当小学教员,非具有驴性不可"的话头。但王志坚却有志于从事乡村教育。他在《泺源新刊》第二、四、五、六上连载《小学各科教授的研究》和《我对于小学各科教授的研究二》，在第三号（乡村教育专号）上刊登《乡村教育与文化运动》，表现了他对乡村教育的见解和兴趣，比王尽美更具建设性。

王志坚从 1929 年到抗战爆发，一直担任相州王氏私立小学的校长，并兼任国语、史、地等课程的教学。这个时期也是相州王氏私立小学的鼎盛时期。以一乡村私立学校，每逢全县统考，却屡屡夺魁。在 1933 年的秋天，诸城县政府教育科组织力量对全县的五、六年级进行统一会考，结果王氏小学取得了两个第一名，县政府奖给两块大木匾，一书"栽培功深"，一书"科学昌明"，为时任县长李承绥亲笔。在授匾仪式上，县长讲话，称赞相州王氏小学校长办学好，老师教学好，学生学习好，从此相州王氏私立小学以"三好"学校闻名远近，前来求学的学生更多了。

诸城是教育发达地区，据有关统计，20 世纪 30 年代初全县小学已近三百所，且有的家族经费投入更多，办学规模更大，相州王氏私立小学能独秀一方，人才辈出，除了家风乡俗重视教育，与有王志坚这样一个受过系统师范训练，对小学教育有研究，全身心投入教学和管理的好校长也有关系。

王志坚曾信佛教，并改名石佛。他先后于1920年济南励新学会分化和1927年大革命失败后两度到杭州出家，都被其兄王铁坚拉回。宗教信仰需要舍身忘我的精神，而在民国的艰难时世，中上层知识分子，如果没有类似宗教信仰的献身精神，是不会轻易"上汤锅"，从事乡村教育事业，并干出一番成就的。王志坚皈依佛祖没有成功，但献身乡村教育，启迪民智，堪称出类拔萃。

（九）婆婆、媳妇和狗

王沛愃妻子刘夫人，是清爱堂刘桢之女（刘墉姑妈），治家甚严。在她晚年，丈夫官至一品，子孙辈科第、仕宦不绝，富贵极盛，但仍然不失勤俭家风。

刘夫人儿媳、孙媳，多来自海内名族，包括"天下第一家"曲阜衍圣公府以及出了多位皇后、贵妃的满族八大家之一的北京佟氏。中国有娇养女儿的传统，她们在娘家锦衣玉食，尽享富贵，来到家在诸城乡村、家法肃然的王家，开始未免有些不适。

一天，几位孙媳妇一起做女红、聊天，忽谈及美食，各自吹嘘娘家如何丰富，对婆家厨艺，不无讥讽。孔姓孙媳尤语出惊人："我们孔家的狗，也比这里的人吃得讲究。"

数月后，孔家女儿与丈夫一起回曲阜省亲，临行前向刘太君辞行。老夫人除了让他们代问亲家好外，特意嘱咐孙儿，回家时向岳母家讨只狗崽。

孔家女儿一听，脸就红了，知道自己一时孟浪失言，已传到老夫人耳中，并且拿怪了。她不想丢面子，回娘家后挑选了一只最体面的狗崽，用最好的食物喂养——其伙食水平，即使对于人，也算得上食精而脍细了。回婆家时她把小狗放在车中，带着美食，一路喂个不停。

回到诸城婆家，小夫妻向老夫人请安，转达亲家问候，并将狗崽奉上。老夫人抱过狗崽，抚摸了一下，交给丫鬟，吩咐说："小家伙肚子有点胀，放在栏子里，先不要喂。"

两日后，老夫人让丫鬟把剩菜残羹倒在瓦盆中，端到来自衍圣公府的小狗面前，那只小狗确实犹豫了一小会，但"饥不择食"的定律对它也是适用的，很快便摇着尾巴吃将起来。后来每当看到这只小狗愉快进餐，孔家女儿脸上就挂不大住。刘夫人不久将这只小狗送到潍河东岸栗行别墅中，令专人照管、喂养。

以后，孔家女儿自然谨言慎行。看到来自"天下第一家"的女儿都被拿下，来自其他大家族的儿媳、孙媳们，自然也有些收敛。

（十）王少珊保护海源阁藏书

诸城相州王氏有藏书的传统，见诸记载的有王钺、王沛思、王元默、王应奎、王玚庆、王玮庆、王锡棨、王绪祖、王维朴、王莲塘、王统照等多人。这种传统也影响到家族女性，王莲塘之女王少珊堪称代表。

王少珊嫁于聊城海源阁第四代传人杨保彝为妻。1910年，杨保彝去世，身后无子，王少珊过继杨氏近支杨承训为嗣。时杨承训年方十一岁，王少珊便成了海源阁藏书的主要掌管者。其时世乱日亟，聊城又处南北之冲，海源阁无量瑰宝，为多方所觊觎，但终王少珊在世之日，尚完好无恙。

杨保彝刚去世，清末聊城知县陈香圃，就托聊城名绅周荫泉到杨家劝说，要求将藏书献出。王少珊严辞以拒，陈香圃未能入海源阁一步。民国初年，袁世凯的长子袁克定曾想把杨氏海源阁藏书据为己有，王少珊闻讯，即将"海源阁"上的宋元珍本图书，由海源阁楼上搬往她所住的卧室北上房中，全部藏于楠木书橱之内，严锁密钥。等杨承训十六七岁时，稍稍令之接触。1922年，王少珊去世，藏书由杨保彝姨太太宋氏主管。据杨承训回忆，"我家的老姨太太是诸城相州王家陪嫁丫头，本姓宋，虽然是没读过书的农村妇女，但她却很知道爱护书籍。"

王少珊生前能成功保全海源阁藏书，与有娘家势力有一定关系。其父王莲塘与蒙古亲王僧格林沁为生死之交，先后被僧格林沁保升郑州知州、裕州知府。同治四年（1865），僧格林沁在山东菏泽北高楼寨，被捻军包围"殉国"以后，王莲塘族叔王以键于是年冬，"建僧忠亲王祠于叩官庄"（《增修诸城县续志》卷一《总纪》）。民国时相州王氏家声仍然显赫，国会议员就出了两个（王凤翥、王乐平）。王少珊性格刚毅，娘家与新老权贵都能说上话，所以她在世之日，海源阁有惊无险。

1928 年春，北伐军马鸿逵部占据聊城，海源阁图书受到一些损失，该年冬天，杨承训征得宋氏同意，将原王少珊住室中的宋元珍本，还有宋氏交给他的几本宋人册页运往天津。这部分珍贵书籍后来又历经风险颠簸，有所损失，但其中的主要部分（如"四经四史"）还是最终为国家收藏。中华书局版标点本《二十四史》前四史就是以海源阁藏书版本为主要参考进行标点排印的。

应该说，诸城相州王氏藏书与聊城杨氏藏书有所不同，王氏藏书为读书、研究服务，不甚注重时代、版本，曾在王家任塾师的丁恺曾、韩梦周、宋书升都曾随意观览。杨氏藏书则重在搜罗历代珍本善本，主要为保存。海源阁管理非常严格，除非"契交"经特许，一概不准登阁观书，借书更闻所未闻。家中仆役，向不准登楼，有在杨宅服役数十年，竟不知楼上情形。王献唐在海源阁遭劫后赴阁查阅遭损情况时，有所见闻并感慨系之："余在杨宅前后凡七日，与其家人相接，类皆忠悃恳诚，流露辞色。问之，则皆数世服役者也。呜呼！风纯俗朴，百年来山左文献之荟萃呵护者有自矣！"由此也可略知，王少珊掌管海源阁十余年，杨以增、杨绍和、杨保彝，数世相传之家法，依然如故。

结　语

无甚高论，重在修为

中国传统家风，是建立在一定道德理念基础之上的。由于世家大族历史悠久、成员众多、社会关系复杂等原因，其家风的"光谱"可能很复杂，但良好家风的道德基石却大都非常简单。如果谁将一种众人皆知的、普世的美德贯彻始终，他就会将人字不断放大；如果一个家族世代坚守这种美德，它就会成为这个家族家风的丰碑。诸城王氏的"老实"即是其中之一。

近来电视道德公益广告渐多，多由儿童宣讲。他们唱着讲，跳着讲，拍着手讲，合辙押韵地讲，连篇累牍地讲。但也许"老实"一词太质朴无文，连小朋友都不愿意说。与此形成对比的是，因道德等问题落马的党政干部，见诸报道的也越来越多。他们中有的人经久历练，有的人在落马之前还领导部署过反腐，有的人甚至曾高调作过"艰苦奋斗"的秀。

这种现象令人想起唐代以"众善奉行，诸恶莫作"教人的鸟
窠禅师说过的话："三岁儿童虽道得，八十老翁行不得。"现
实中三岁娃娃咏唱诚信、八十老翁倒地讹人的情况也时有
见闻。

诸城是佛教净土宗实际创始人善导大师出家悟道之地，
慧净《善导大师年表》于唐高宗武德六年（618）条下，注
云："于诸城县依明胜法师出家，学《维摩经》、《法华经》。"
诸城一带佛学，历来重皈依功德，而不甚重名理辨析。苏
轼《密州请皋长老疏》有所谓"山东耆宿，言不足而道有余；
胶西士民，信虽深而悟者少"。对于天才烂漫好热闹逞聪明
的苏轼，这当然不免沉闷、但对于本身就是山东人、正信
苦修的善导大师，却有水乳之契。善导以为"修余行业，迂
僻难成"，也许在他看来，因明烦琐，观空证无，智者犹惑，
何况中下。纵然口水飞花，高论入玄，其奈名理空悟，定慧
难生，终归假名戏论，犹是五浊凡夫。唯有老实念佛，勤笃
行持，念念不舍，方能日有所进，往生净土。

佛家称那些虽贯通三藏，日诵万偈，而未破半个蒲团，
未断一贯念珠者为"堕豁达空"；儒家也称口中伊周，心中
盗跖，薄躬厚责之徒为"挂榜圣贤"。二教皆反对有言而无
行。当然，即使一个人能以仙佛圣贤之道自律，"有诸己而
责诸人"，也未免有失中道，甚至流于刻薄灭裂之"道德暴

政"，画虎类犬。

诸城相州王氏家风的培养，重以身为率，没有专门的族训家范，家族成员著作中涉及教化的内容，也往往简明平易，即使才智中下，也能循阶而上。王铖以"一动一事一物俱不敢忽，匹夫匹妇皆能胜予"立教，以"不敢以胜气用，不敢以汰色居，不敢以浅衷偏心相灭裂，不敢以深文竣法相草菅"临民，王家人勤俭敛抑，修小礼，行小义，饰小廉，谨小耻，贵宽容，奖改过，审趋势，知变通，可能为所谓高明之士所不屑。对于传媒来说，也缺乏争眼球的资质。但五百年来诸城相州王氏人才辈出，为海内持续性最好的文化世家之一的秘密，正在这里。这样的家风比那些圣贤伟人的家风更易于效法，也更具普遍意义。更何况圣贤伟人太多，犹蜂巢中蜂王太多，未必是生民国家之福；勤勉笃行、适应时代需要的实干家，则是多多益善。

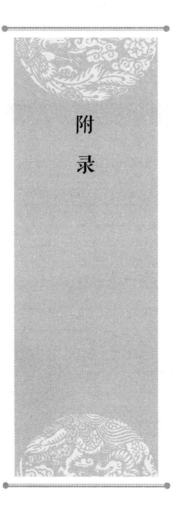

附 录

（一）诸城相州王氏世系简表

一世	二世	三世	四世	五世	六世	七世	八世
庠	隆	仁 长支	绩	允升	振基	铎	沛恺
					开基	镕	沛悌
							沛忻
							沛爱
						錬	沛惇
							沛愫
						铨	沛恕
							沛忠
							沛德
						錄	沛憬
					拓基	锁	沛懋
							沛恉
					恢基	镆	沛原
							沛憕
						钺	沛思
							沛憒
							沛憻
							沛恂
						锡	沛慎
			义 二支	绪	允科	铭韦	济	善政

一世	二世	三世	四世	五世	六世	七世	八世
			绥	天佑	命颖	浃	述德
		智 三支	绍	允中	铭举	潭	善宗
							笃宗
							培宗
							志宗

九世	十世	十一世	十二世	十三世	十四世	十五世	十六世
梓	元炳	垂统	金佩	永邵	惠林	燕信	
极	元炯	增纹	钟瑞				
枚	元灿						
楹	元炎	垂绅					
栋	元焙						
梡	元曾	垂巩	镇清	莲塘			
				梦塘			
琹	元鲁	璐					
	元羹						
	元墨						
	元荩						
检	元燔						
枝	元㷀						
植	宪文						
樟	元发						
椐	可久	衍福	钟吉	汝春			
				汝泰	际相		
				汝惺			
榭	元鹗	衍奎					

续表

九世	十世	十一世	十二世	十三世	十四世	十五世	十六世
條	元炴						
楮	寿鹏	缙珆	金策	汝祁			
				汝郇			
坛	元烺						
	元烜	维绅					
	元炅	维泰	松年	洺	祯	炳南	
	元炘						
楷	元焜	维垣	朝鼎	永全	树荫		
		纬壁	朝蔚	清弼	禧会	玉麟	
	元烻	绂疆	朝选	黉中			
	元曦	纶陛	式钰	溥长	文桢	秀南	玉襄
	元煁	绸埔	朝襄	霖需	士伟	炜辰	者塾
乐平							
柽	元烈	垂绎	钟琇	请治	德霖		
		垂绮	钟琏	清注			
	元勋	垂络	钟会	廷济	惠霖	炳	
	元默	均国	钟祥	廷荣	作霖		
槃	元衡	垂麟					
柯	元鹭	垂纪	瑞金	瀚	荫之	光祖	
本	元熊	垂重	安钦	清泰	裕琳		
概	元茂	垂芳	铨锁	永树	枫		
相	元煦	增闻	端	龙溪	荣树		
	元辉	增麟	崇立	兰溥	炳琛	炜业	凤翥
桂	元葵	耀奎	愚	延泗	凤霖		
椿	元鹿	增杰	以钤	浚功			
榛	元燎	垂秀					

续表

九世	十世	十一世	十二世	十三世	十四世	十五世	十六世
国琪	堪	垂鉴					
延鼎	福臻	敬中					
健	景恒	映箕	毓朋	泽鲁	清一		
任	景嵩						
储	元福	应斗					
份	辛祁						
伸	癸祥	应芬	琳庆	家骧			
		应奎	晋卿	家骐			
		应垣	琦庆	锡第	象曾		
					延桂		
				锡畴	瑞曾		
			玮庆	锡棨	绪祖	维朴	
			珣庆	锡甸	步会		
令	乙祺	宸	书瑞	锡棠	秉慈	统照	
		晋	金瑞	汝器	杜芳	鸣谦	志坚
						鸣韶	意坚嗣
					蕴朴	鸣球（翔千）	希坚
							辩
						鸣刚（振千）	愿坚
	庚祺	丰					
仲	爻赞	绪孔					
位	青云	继曾					

（二）诸城相州王氏家训

世笃忠厚，好善无忤；
学《易》君子，与时偕行。

编辑主持：方国根　李之美

责任编辑：李之美

版式设计：汪　莹

图书在版编目（CIP）数据

诸城王氏家风／王宪明 著．－北京：人民出版社，2015.11
（中国名门家风丛书／王志民 主编）

ISBN 978－7－01－015098－7

I.①诸…　II.①王…　III.①家庭道德－诸城市　IV.① B823.1

中国版本图书馆 CIP 数据核字（2015）第 173543 号

诸城王氏家风
ZHUCHENG WANGSHI JIAFENG

王宪明　著

人民出版社 出版发行

（100706　北京市东城区隆福寺街 99 号）

北京汇林印务有限公司印刷　新华书店经销

2015 年 11 月第 1 版　2015 年 11 月北京第 1 次印刷
开本：880 毫米 × 1230 毫米 1/32　印张：5.625
字数：100 千字

ISBN 978－7－01－015098－7　定价：20.00 元

邮购地址 100706　北京市东城区隆福寺街 99 号

人民东方图书销售中心　电话（010）65250042　65289539